공감
다례

찻잔에 담긴 멋과 맛

집필진 – 성균예절차문화연구소 연구원

박남식   전) 성균관대학교 겸임교수,
           현) 화윤차례문화원 원장, 삼법요가 대표

구자완   전) 성균관대학교, 한양여자대학교 출강,
           현) 선향다례원 원장, 다선명상 구루具樓 대표

김승희   전) 민족사관고등학교 예절강사,
           현) 국제창작다례협회 상임이사, 명희다례원 원장

백순화   현) 차생활연구원 원장, 티클래스 작은 차회 운영,
           청소년 예절다도강사

이진형   전) 충남대학교, 배재대학교 평생교육원 다도강사,
           현) 보림다례원 원장, 티마스터 민간자격과정 운영

전수진   전) 수원여자대학교 강사,
           현) 한국인성예절연구소 소장, 어린이 인성티클래스 운영

정영순   현) 한국생활문화연구소 이사, (사)예지원 교육본부장,
           청소년 예절다도강사

허미희   전) 성균관대학교 겸임교수 및 다수 대학 출강,
           현) K-인성연구소 소장, 강동대학교 겸임교수 및 다수 대학 출강

다례시연   김연희 성균관대학교 유학대학원 유학동양한국철학과 박사과정
           이주영 한칸다실 대표
           황현정 수인다도명상 이사

공감다례

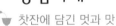
찻잔에 담긴 멋과 맛

초판 인쇄 2023년 10월 5일
초판 발행 2023년 10월 20일

지은이 성균예절차문화연구소   촬영 임정
펴낸이 김태화   펴낸곳 파라북스   기획편집 전지영   디자인 김현제
등록번호 제313-2004-000003호   등록일자 2004년 1월 7일
주소 서울특별시 마포구 와우산로29가길 83 (서교동)
전화 02) 322-5353   팩스 070) 4103-5353

ISBN 979-11-88509-71-3 (03590)

* 값은 표지 뒷면에 있습니다.

공감다례

찻잔에 담긴 멋과 맛

성균예절차문화연구소 지음

파라북스

성균관대학교 유학대학원 생활예절·다도전공
주임교수 윤석민

다례는 차를 매개로 하여,
생각을 나누고 마음을 다독이며,
서로가 소통하는 생활生活의 예禮이자, 찻일茶事의 예藝입니다.

마주한 찻상에 주객을 나누고 순서를 배열하는 다례茶禮의 중심에는
언제나 차茶가 있습니다.
차茶를 중심으로 다시 주인과 객의 구분이 흐려지며,
음다飮茶의 순서가 어우러집니다.

찻일茶事에 종사하며 다리茶理를 깨우쳐가는 차인茶人,
다정茶情을 얘기하며 다향茶香을 좇는 차인茶人,
수신修身하며 양생養生하는 차인茶人,
차인茶人은 차茶로 삶을 삽니다.

차茶를 통해서 만난 우리는 어디로 가는 걸까요?
차가 이끌어가는 길, 다도茶道는 사람의 길이고, 인륜의 길입니다.
그 길에 오르기 위한 매순간의 발걸음이 다례茶禮입니다.

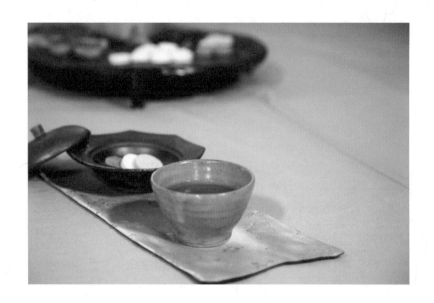

　차茶를 통해서 만난 여러 선생님께서 차의 공동체를 만드셨고, 이 공동체성균예절차문화연구소는 차가 주는 삶의 지혜를 체득하고 공유하고 소통하는 장場을 만들어가고 있습니다. 성균예절차문화연구소는 연구 공동체이자 지혜실천의 공동체입니다.

　차인茶人 공동체의 소임을 충실하게 이행하는 선생님들의 역작!《공감다례》의 출간을 축하합니다. 여러분의 뜻대로, 다리茶理 안에서 몸과 맘의 움직임을 깨우치고, 다례茶禮 안에서 공동체의 문제를 해결해 가시기를 기원하고 기대합니다.

인사말

집필위원장 박남식

정성스럽게 우린 한 잔의 차는 자신의 삶과 내면의 맛 그리고 색과 향기를 온전히 전해준다. 또한 차를 마시며 자신을 돌보는 지혜와 실천의 힘을 얻는다. 찻자리에서 함께 차를 마시면서 질서와 절차를 익히고, 세상을 향해 마음을 열고 나누는 기쁨을 함께한다.

성균예절차문화연구소는 24년 전통을 자랑하는 성균관대학교 유학대학원 생활예절·다도전공을 졸업한 동문들로 구성되었다. 본 연구소에서는 이미 2015년에《공감생활예절》을 펴내서 가정에서 비즈니스 현장까지 변화하는 예절 문화를 선도하였다. 그 후속 작업으로 다도의 이론과 실제를 중심으로《공감다례》발간을 통해 인문다도와 예절의 두 축을 이루게 되어 매우 뜻 깊은 일이라 여긴다.

집필진은 모두 본 대학원 생활예절·다도전공자들이다. 차와 예절을 교육하는 전문공간에서 후학을 양성하거나 대학 및 관계된 교육기관에서 오랜기간 강의를 하고 있는 교육전문가로 이론과 실천을 두루 겸비한 연구원들이다.

성균예절차문화연구소에서 공동집필한《공감다례》는 작업과정이 결코 쉬운 일이 아니었다. 개인의 특출한 준론峻論도 전체 흐름을 위해서 깎고 다듬어야 했으며, 이 책은 이런 과정에서 발휘된 이해와 배려가 만들어낸 결과물이다.

　　이 책이 나오기까지 무수한 시간과 에너지를 모아준 집필진의 노고에 깊이 감사드린다. 이 책의 발간을 소중하게 여기며 흔쾌하게 추천사로 격려해 주신 윤석민 주임교수님께 깊이 감사하는 마음이다. 또한 이 책의 출판을 맡아 주신 파라북스 김태화 대표께도 감사의 박수를 보낸다.

　　무엇보다 성균예절차문화연구소의 역사와 전통으로 그 연구 결실을 맺게 되어 자랑으로 여기며, 연구소를 사랑하는 동문들과 차를 사랑하는 모든 이들에게 이 책을 바친다.

2023. 9. 수방재에서

공감다례를
시작하며

차는 사람을 이롭게 하고 세상을 따뜻하게 품는 벗이다.

차는 건강을 돕고, 정신을 맑게 하며,

감각을 깨우고 행동을 바르게 한다.

윤동주 시인의 '별 하나에 추억과 별 하나에 사랑과 별 하나에 쓸쓸함과……' 하는 시를 읽노라면 '차 한 잔에 추억과 차 한 잔에 사랑과 차 한 잔에 쓸쓸함과……'로 읽고 싶을 때가 있다. 사랑하거나 쓸쓸한 추억의 순간마다 같이했던 차는 천년이 두 번 지나도록 사람들의 친구가 되어 머물고 있기 때문이다. 누군가는 깨어 있기 위해, 누군가는 아픔을 치유하기 위해, 또 누군가는 삶을 단련하고자 차를 마셨다.

지난 시대에는 쉼 없는 노력이 덕목이었고 여유와 아름다움의 선택은 이기적이라는 눈총을 받았다. 그러나 풍요를 넘어 과잉이 지배하는 21세기를 살아가는 우리에게 자신을 위한 여유와 품격은 더 이상 사치가 아니라 필수이다. 과유불급過猶不及이라는 사자성어가 말해 주듯 결핍에서 오는 문제뿐 아니라 넘침으로 인한 부작용 역시 우리에게 커다란 고통을 주기 때문이다.

우리는 살아가는 동안 스스로 몸과 마음을 다스리고 행동을 이끌며 사회와 소통한다. 일상의 품격과 멋은 여유와 자긍심을 채워주는 자산이 된다. 차는 이 모든 것을 위한 장르이다. 우리는 찻일을 통해 흐름을 알고 효율적인 방법을 찾아 소통하는 것을 익힐 수 있으며 차를 통해 감각적인 풍요로움과 일상의 아름다움을 만끽하는 삶의 순간을 누린다.

차로 위로받고 차로 행복했던, 여전히 행복한 사람들이 이 책을 쓰고자 모였다. 그동안 누렸던 모든 것을 보다 많은 사람들과 나누고 함께

하고 싶어서이다. 나눔을 위해서는 무엇보다 체계와 형식이 필요하다. 차를 마시기 위해 잔이 필요하듯이.

차에게 가는 길을 안내하고자 하는 차인들 그리고 그 길을 걷고 싶은 사람들을 위한 글봇짐을 꾸려 보았다.

1부는 글자와 숫자처럼 꼭 필요한 차의 이론적 바탕을 마련했다.

01장에서는 실생활에서 차를 즐기고 누릴 수 있는 찻자리의 멋을 소개했다. 02장에서는 차를 위한 차도구에 대해 알아보았다. 계절에 따라 입는 옷이 달라야 하듯 차마다 본연의 맛에 충실하게 우리고 마시기 위해서 차도구의 역할과 영향에 대해 아는 것이 중요하다. 03장에서는 우리가 마시는 차가 어떤 것으로 만들어졌는지에 대해 생물학적 지식과 성분, 그에 따른 효능을 알아보았다. 04장에서는 찻잎으로 만들어지는 다양한 차의 종류와 가공방법을 알아보고 현명한 소비를 위해 각각 분류된 차의 특성을 안내한다. 05장은 실질적으로 차를 우리기 위해 필요한 물에 대해 알아보고 물을 끓이기 위한 열원을 어떻게 선택하고 다루어야 하는지 소개한다. 06장 역사적으로 차는 많은 애호가들을 만들었다. 차를 좋아했던 이들의 시를 통해 함께 차 한잔하는 기분을 느껴보자. 07장은 수행을 위한 장이다. 차는 자연스러운 아름다움에서부터 마음 깊숙한 곳 영혼의 향기를 끌어내는 힘이 있다. 차로 마음과 몸을 단련하는 원리와 그 목표를 새기자.

2부는 몸과 행위를 위해 마련했다.

08~10장에서는 기본적인 찻일을 기반으로 예의범절과 물건 다루는 법을 익히고 차로 손님을 대접하는 방식을 공부한다. 좌식공간에서의

다례, 테이블에서의 간편한 다례, 말차다례 방법을 제시했다. 오랜시간 예절과 다례를 가르쳐온 성균관대학교 유학대학원 생활예절 · 다도 전공 동문들이 교육에서 필요하다고 생각했던 부분을 밀도 있게 축약하여 만들었다. 공청회를 통해 검증하였으며, 교육현장에서 효과적으로 사용할 수 있도록 했다. 11장은 찻자리에서 알아야 할 예절을 안내했다. 손님으로, 주인으로 각각 언제 어느 상황에서나 알아두면 편안한 내용이다.

마지막 에필로그는 이 모든 내용을 포괄하는 부분이다. 다시 한 번 차와 함께 익히는 이 책의 목적과 의미를 돌아보고 각자 재정비하는 기회를 마련했다.

일러두기

- '차'와 '다'의 쓰임은 다양하게 논의되고 있다. '茶' 자를 읽을 때 '차' 라 읽을 것인가 '다'라 읽을 것인가 하는 원론적 문제부터, '차'는 고 유어, '다'는 한자어라는 주장, 이를 어느 한 쪽으로 통일하자는 주장 등이 난무한다. 현재로서는 순우리말과 결합된 단어, 식물학이나 제 품과 관련된 단어에는 주로 '차'를 쓰고, 한자와 붙어 형성된 단어는 '다'로 읽는 것이 대강의 추세이다. 이 문제는 산화와 발효(4장 참고) 논쟁보다 더 오래 전부터 여러 번 학술적 논의가 있었으나 아직도 결 론이 나지 못하고 진행중이다. 이 책에서는 일반적 범용을 따라 표기 하기로 하였다.

- 차례茶禮와 다례茶禮는 같은 한자를 사용하며, 한자를 해석해도 의미 는 같다. 그러나 '차례'는 명절 아침 제의례를 뜻하는 단어로 현재까 지 쓰이고 있고, '다례'는 고전의례에서는 낮 제사를, 차 전문 영역에 서는 대외적으로 손님을 모시고 차를 대접하는 의례를 뜻하는 말로 각각 쓰인다.

- 차시茶匙와 다시茶時에서도 차와 다는 같은 한자를 사용하고 있다. '시'는 匙 숟가락, 時 때, 詩 문학적 시를 가리키는데, 이 세 글자 모두 차와 밀접하게 관련되어 있어 전체적으로 혼재되어 쓰인다. 그 중에서 찻 숟가락을 뜻하는 것은 주로 차시茶匙라 하고, 차 마시는 시간을 말할

때에는 다시茶時라고 하며 주로 문헌에서 사용되었다. 또 차와 관련된 시詩는 차시茶詩와 다시茶詩 모두 쓰인다.

- 찻상보茶床褓와 다포茶布는 의미가 다르다. 찻상보는 찻상 전체를 덮는 것을 가리키고, 다포는 다기 아래 깔아 안전과 청결, 소리를 방지하는 데 쓰는 천을 말한다.

- 명주茗主는 차를 우리는 사람을 가리킨다. 다른 표현으로는 팽주烹主가 있고, 일부에서는 다각茶角으로 쓰는 곳도 있다. 다각은 불교 용어로 절에서 찻일을 맡은 사람을 일컫고, 팽주는 현재 가장 많이 쓰기는 하지만 일본 차계에서 쓰이는 말로 우리 문헌에서는 전혀 발견할 수 없는 용어이다. 우리 문헌에는 다모茶母, 다동茶童, 다노茶奴, 다비茶婢 등이 보이나, 오늘날 차를 끓이는 사람을 뜻하는 대명사로서는 모두 부적합하다. 선비들도 스스로 찻일을 하였지만 이를 특별히 지칭하는 용어는 발견되지 않았다. 다주茶主도 쓸 수 있지만 차와 술을 뜻하는 다주茶酒와 혼동하기 쉬워 '차싹 명茗' 자를 쓰는 명주가 더 적절하다고 하겠다. 茗명 자는 우리 문헌에서 여러 대용차와 비교하여 정통차를 가리킬 때 명다茗茶라고 한 것에 기반한다.

- 그 외에 차 담는 작은 단지를 가리키는 말로 차호茶壺와 다호茶壺 둘 다 쓰기는 하나 차호를 더 많이 사용하며, 찻잔은 다잔으로는 거의 쓰지 않는다. 차를 우리는 것은 대부분 차관보다는 다관을 쓰고, 차나 도구를 나르는 쟁반은 다반으로 쓰지 차반으로는 쓰지 않는다. 찻일을 할 때 쓰는 차 행주는 다건과 차건 모두 쓴다.

1부
·
차에게
가는 길

01

찻자리

찻자리는 아름답다.
전통적인 격식과 현대적인 품격이 어우러진
찻자리는 아름답다.
다양한 예술적 요소들이 가미된 찻자리는
아름다움을 넘어
즐거움과 행복을 선물한다.

1. 차 마시는 일상

빠르게 지나가는 현대생활 속에서 멈춤과 휴식, 사유는 꼭 필요하다. 어디쯤 있는지 돌아볼 때, 방향을 바꿀 때, 누군가와 생각을 나눌 때 한 잔의 차가 있어 좋다. 차 마시는 일상은 더욱 좋다.

🌿 나를 위한 차茶

나만을 위한 특별한 차를 즐기고 싶다면 1인 다구를 셋팅하고 좋아하는 음악과 함께 물을 준비한다. 알맞은 물에 차를 우리기 위해 살피고 집중하는 것만으로도 힐링이 된다.

느긋하게 혼자 마시는 차를 신선의 경지라고 하는데 21세기 신선에게는 신속, 정확 역시 꽤 중요하다. 정량이 담긴 다양한 종류의 티백은 손쉽게 나를 대접할 수 있게 하고 주변을 빠르게 정리할 수 있어 바쁜 일상에서 사랑받고 있다. 간편하게 사용하는 머그컵은 다양한 컵받침으로도 분위기 전환이 가능하다.

✿ 손님께 내는 차茶

간편하게 즐길 수 있도록
개인용 다반에 차와 다식,
보충용 차를 준비한다.

여러 사람에게 대접해야 하는 경우는
간결하고 통일된 차림으로,
특별한 분을 대접하는 경우는
한층 격을 갖추어 내면 좋다.

2. 찻자리를 아름답게 하는 것

찻자리는 촉각, 후각, 미각, 청각과 더불어 시각적인 아름다움을 함께 누리는 공간이다. 미적 감상의 본질적 요소들이 잘 어우러졌을 때 정다운 다담과 더불어 즐거움이 한층 고조된다.

꽃花

찻자리에 장식된 꽃을 다석화茶席花, 다화茶花라고 한다. 금상첨화錦上添花라, 차실에 놓인 꽃은 운치와 생기와 기쁨을 더한다. 꽃은 격식을 갖추는 자리, 귀한 손님께 존중을 표현하기에 더욱 좋다. 찻자리 꽃은 식물학적 해석보다는 계절감, 아름다움, 기쁨, 귀함, 정성의 표현이 중요하다.

　큰 꽃을 여러 송이 꽃는 것은 가급적 피하며, 꽃향이 차향을 해치지 않도록 고려한다. 화병의 꽃은 세 종류를 넘지 않도록 하여 화려함과 흐트러짐을 절제시킨다. 꽃은 이야기의 소재가 되기도 하므로 야생화라도 이름 없는 꽃은 쓰지 않는 것이 좋다.

• 계절에 맞게

실내에서 계절을 느끼고 즐길 수 있게 해주는 것이 꽃이다. 요즈음은 온실에서 재배한 꽃들이 많아 계절이 무색하지만, 계절에 맞지 않는 꽃은 겨울에 입은 모시옷처럼 어색한 느낌이 들 수 있다. 자연의 시간을 담아내는 매개체이므로 계절을 느낄 수 있는 꽃으로 선택하는 것이 좋다. 전체적으로 화려하지 않게 소박하며 단아하게 꽂는다.

계절에 어울리는 꽃 소재

 봄 생명이 움트는 활기찬 자연을 느낄 수 있도록 봉오리가 있는 가지를 꽂는다.
매화, 목련, 개나리, 산수유, 금낭화, 산당화 등

 여름 시원한 느낌을 주는 흰 꽃이나 백자 꽃병이 좋으며, 수반에 꽃을 띄우거나
풀꽃을 이용해도 좋다. 수련, 연꽃, 작약 등

 가을 넉넉한 여유로움을 상징하는 꽃과 계절감이 풍성한 열매 소재를 활용한다.
단풍이 든 잎, 나무 열매, 국화, 석죽 등

 겨울 계절감을 주는 소재나 상록수, 봄을 기다리는 의미를 담은 꽃이 좋다.
소나무, 수선화, 목화, 오동열매, 동백 등

• 공간에 맞추어

공간이 작을수록 소박하고 간결하게, 유약함 속에서 강한 생기를 주는 꽃이 좋다. 넓은 공간은 큰 화병에 사방에서 볼 수 있도록 꽃을 꽂아 주변을 화사하고 편안하게 하는 것도 좋다.

🌿 다식茶食

차에 곁들이는 먹거리를 '다식'이라고 한다. 맛과 동시에 보는 아름다움과 건강도 고려한다. 영양이 풍부하고 소화, 흡수에 도움이 되며, 먹기에 편리한 것이 좋다.

일상에서의 다식은 차맛과 차향을 크게 해치지 않는다면 모두 가능하다. 정식 찻자리에서는 주제와 목적을 고려하고 차의 종류와 마시는 시간에 따라 다양하게 준비한다. 계절에 맞는 다식들이 색상의 조화까지 갖춘다면 눈으로 맛보는 즐거움까지 더해진다.

• 전통 다식茶食

전통 다식은 오랜 세월을 이어져 내려온 우리의 고유한 음식이다. 곡물, 꽃가루, 열매 등의 재료를 볶거나 쪄서 완전히 건조한 후 가루를 내고, 꿀을 넣어 반죽한 다음 다식판에 찍어낸다. 주재료가 갖는 자연 색감이 아름답고 고유한 맛을 갖고 있는 것이 특징이다. 색은 오방색다섯 방위를 상징하는 색. 황黃·청靑·백白·적赤·흑黑으로 천연재료를 사용해서 건강에도 이롭다.

황 **노란색** : 중앙을 의미하며, 송화松花가루로 만든다. 5월 초순 경 소나무에 꽃이 피면 꽃가루를 채취해, 물에 넣어 불순물을 제거하고 한지 위에 널어 말려 만든 다. 다식을 만들 때는 꽃가루의 입자가 미세하여 꿀을 적게 넣어야 한다.

청 **푸른색** : 동쪽을 의미하며, 청태靑太로 만든다. 푸른 콩을 깨끗이 씻어 물기를 말리고 볶는다. 껍질은 벗기고 가루를 내어 고운체에 내린다. 소금간을 약간 한 콩가루에 꿀을 넉넉하게 넣어 반죽한다.

백 **흰색** : 서쪽을 의미하며, 흰쌀로 만든다. 멥쌀이나 찹쌀을 깨끗이 씻어 불린 후 찜통에 쪄서 목면 보자기에 펴서 말리고 가루로 만들어 꿀을 넣어 반죽한다.

적 **붉은색** : 남쪽을 의미하며, 오미자를 이용해 색을 낸다. 말린 오미자를 깨끗이 씻어 오미자가 잠길 정도로 찬물에 하룻밤 담가 붉은빛이 우러나면 걸러 낸다. 쌀가루나 녹말가루 한 컵에 오미자물 한 큰 술 정도로 물들인 후 꿀을 넣어 반죽한다.

흑 **검정색** : 북쪽을 의미하며, 흑임자黑荏子로 만든다. 검은깨를 깨끗이 씻어 뜨겁게 달군 팬에 재빨리 볶아 식힌다. 절구에 빻은 뒤에 거친 껍질은 제거하여 고운 가루를 만들고 찜통에 살짝 찐다. 소금간을 약간 하여 꿀과 반죽한다.

전통 다식판은 두 개가 짝을 이룬 틀이다. 반죽을 넣고 꺼낼 수 있도록 재질이 단단한 박달나무와 대추나무에 각을 내어 만든다. 태극문양, 꽃문양, 기하학적인 선과 문자로 된 차茶, 수壽, 복福, 강康, 영寧, 부富, 귀貴등 건강과 복을 기원하는 문양이 많다.

- **무병장수** : 물고기, 거북, 새, 수복강령壽福康寧
- **다산** : 석류문, 박쥐
- **화목과 번영** : 국화문, 목단문, 파초문, 칠보문, 팔괘문
- **벽사辟邪와 장수** : 복숭아문

현대 다식판은 랩을 사용하면 다식을 꺼낼 때 편하다. 재료는 비교적 구하기 쉽고 만들기 편한 아몬드 가루에 백년초, 말차, 치즈가루 등을 섞어 오방색을 표현하기도 한다.

• 떡

떡은 곡식을 가루 내어 물과 반죽하여 쪄서 만든 음식을 통틀어 이르는 말이다. 제철에 나는 식재료를 조리해 남녀노소 가리지 않고 즐겼던 음식이다. 떡은 영양적인 면이나 미학적인 면에서 찻자리 다식으로 많이 사용한다. 차꽃 떡, 삼색 송편, 방울증편, 오색경단 등이 있다.

• 강정

전통 당과류의 일종으로, 찹쌀가루에 술을 넣고 반죽하여 찐 것을 공기가 섞이도록 치고 얇게 밀어서 다양한 크기로 자른 후 말린 다음 기름에 튀겨 고물을 입힌 과자이다. 모양이나 고물에 따라 이름을 달리한다. 깨강정, 잣강정, 흑임자강정 등이 있다.

다식을 선택할 때는

- 첫째, 한입 크기로 먹을 수 있는 작은 것이 좋다.
- 둘째, 가루가 떨어지지 않는 것이 좋다.
- 셋째, 쉽게 부서지는 것은 피하고 부드러운 것이 좋다.
- 넷째, 천천히 즐길 수 있도록 쉽게 굳어지지 않는 것이 좋다.
- 다섯째, 짠맛이 강한 것은 피하고 고소하고 달콤한 것이 좋다.
- 여섯째, 과일은 향과 신맛이 강하기 때문에 차와 따로 먹는 것이 좋다.

• 유밀과

밀가루에 꿀과 기름을 섞고 반죽하여 여러 가지 모양으로 만든 고소하고 달콤한 과자이다. 매작과, 타래과, 약과 등이 있다.

• 정과

식물의 열매나 뿌리, 줄기의 모양을 살려 꿀이나 엿에 조리거나 설탕을 묻혀 말린 것이다. 호두정과, 살구정과, 금귤정과, 도라지정과, 생강정과 등이 있다.

• 과편

과실이나 열매에 설탕이나 꿀을 넣어 만든다. 색이 아름답고 계절감을 표현할 수 있다. 유자편, 앵두편, 산딸기편, 살구편, 오미자편, 귤편 등이 있다.

차茶

찻자리에 참석하는 분들을 고려하여 차를 선택한다. 차는 서로를 배려하고 이해하는 시간 속에 존재한다. 단순히 마시는 것을 넘어 우리고 마시는 과정에서 선호하는 맛과 향, 상대의 정서와 멋을 살피고 이해하게 된다. 차의 다양한 재배 환경을 공유하며 문화적 교류가 제공되기도 한다. 차가 결정되면 차의 종류에 따라 다기와 다구가 아름답게 자리한다.

• 마시고 싶은 차茶, 주고 싶은 차茶

처음 접하는 사람들은 많은 종류의 차에 놀라고, 맛과 향이 주는 신비로운 변화에 또 한 번 놀라게 된다. 찻잎이 다양한 차로 변하여 전하는 매력은 차를 즐기는 이에게는 선물과도 같다. 사람들은 평소에 즐기던 음식, 어린 시절부터 맛보았던 것들을 바탕으로 맛과 향을 표현하게 되는데, 차를 자주 마셔보지 않았다면 그 차이를 바로 알아차리거나 표현하기는 쉽지 않다.

우리는 차의 품종과 산지, 가공 방법에 대한 정보나 지식을 채워가며 차와 더 친숙해진다. 다양한 맛과 향을 즐기는 시간을 자주 갖게 되면 자연스럽게 자신의 취향에 맞는 차를 찾게 된다. 또한 여러 종류의 특징을 알게 되면 기호를 반영한 차를 선택하거나 권할 수 있다.

계절의 변화를 느끼며 마시는 차

- **햇차** : 잘 익은 햇곡식과 맛있는 햇과일을 기다리는 것처럼 봄은 햇차를 기다리는 설레임이 있다. 봄은 새로운 시작을 알리는 초록의 새싹이 움트는 계절이다. 다양한 햇차들 중에 녹차는 푸르고 싱그러운 향기가 단연 돋보인다. 그 뒤를 이어 백차, 홍차, 청차 등 다양한 햇차를 맛보며 봄을 즐길 수 있다.

- **아이스 티** : 시원한 음료를 찾게 되는 계절에는 차를 차갑게 우려 마시거나 해열작용이 있는 백차를 마셔 본다. 무더위에는 가볍게 찻자리의 시작을 알리는 차로 아이스 티를 내는 것도 좋다.

- **따뜻한 차** : 선선한 기운이 느껴지면 따뜻한 것을 찾는다. 산화·발효 정도가 높은 차들의 묵직함과 향기로움을 즐기기에 좋다. 계절에 국한시켜 차의 종류를 선택하지는 않지만 시기에 따라 차의 맛과 분위기가 다르게 느껴질 수 있다.

- **뜨거운 차** : 강추위가 오면 언 몸을 녹일 수 있는 뜨거운 차를 준비해 본다. 여러 사람이 충분히 마실 수 있도록 탕관에 차와 돌배를 넣어 끓여 가면서 마시는 것도 좋다.

이전의 경험으로 마시기를 꺼려하는 경우도 종종 있다. 명칭이 같은 차라도 생산자와 우리는 방법에 따라 내 앞에 놓이는 차가 다르게 느껴질 수 있다. 자신의 기호만을 고집하지 않고 찻자리에서 만나는 차에 집중하는 것이 차를 풍요롭게 즐기는 방법이라 제안하고 싶다.

• 특징이 명확한 차茶

준비된 차의 특징을 이야기하며 맛과 향을 음미하는 시간은 흥미롭다. 같은 차여도 마시는 사람에 따라 맛과 향이 다르게 느껴질 수 있다. 엄선한 차도 취향과 선호도에 따라 즐기는 깊이가 다를 수 있다. 재배 지역과 품종의 특징이 명확하고 정체성이 뚜렷한 차를 선택한다면 함께 즐기는 사람들이 충분히 공감하고 공유하며 마실 수 있을 것이다.

다기茶器와 다구茶具

다기와 다구는 찻자리에 쓰이는 차도구를 말한다. 기물은 사용하는 사람, 향유하는 사람을 위해 존재하는 것이어야 한다. 다기의 보배로움에 눌려 마음이 자유롭지 않다면 다기로서 바람직하지 않다. 다기는 차의 특징을 살펴 사용되는 것으로 청결하게 관리하는 것이 중요하다. 차생활을 하면서 하나씩 준비한 다기들은 세심한 손길로 익숙하게 다루어진다.

차도구는 특히 시각, 촉각을 열어 즐거움을 누릴 수 있다. 찻자리를 준비하는 사람은 참여하는 사람의 안목을 고려하여 다기와 다구를 갖추어 내는 정성을 기울여야 한다. 취향과 감성에 따라 다양한 종류의 차도구를 사용하는데 용도에 맞게 기능적이면서도 세련된 것이 좋다. 이러한 것들을 고려하여 선택할 수 있는 것이 차도구를 보는 안목이며 찻자리의 표현이다. 찻자리에 놓이는 차도구들은 직접 만지며 시각과 촉감을 통해 충분히 아름다움을 향유할 수 있는 것들이어야 한다.

• 차에 맞게 선택

차의 발효도에 따라 형태와 크기를 고려하여 선택한다. 다관은 너무 무겁지 않은 것이 좋으며 손으로 잡았을 때 편해야 한다.

백자류의 다기는 가장 대중적이며 정갈하고 깨끗하여 찻자리에 잘 어울린다. 차의 색을 잘 보여주기 때문에 녹차나 청차를 마시는 데 좋다. 분청류의 다기는 차의 종류와 사용 빈도에 따라 찻물이 배어들면서 길들여진다. 분청다기의 변화를 즐기려면 한 다관에 한 종류의 차만 우리는 것을 권한다. 그렇지 못할 경우 세척관리가 매우 중요하다.

뜨겁게 여러 잔 마시는 차는 얇고 작은 찻잔을 선택한다. 찻잔에 뺏기는 온도를 최소화하기 위해서이다. 편하게 차를 마시려고 할 때는 잔이 도톰하고 크기가 넉넉한 것으로 한다. 뜨겁게 마시려면 잔 예열을 충분히 하는 것이 좋다.

다기는 차의 색·향·미를 즐길 수 있는 기능적 실용성과 조형적인 아름다움을 모두 고려하여 선택한다.

테이블보와 러너는 그 위에 올려질 다구와 계절을 살펴서 정한다. 다구의 아름다움을 드러낼 수 있는 것이 좋으며, 원색적이거나 화려한 것을 선택할 때는 조화로움을 고려하여야 한다.

찻자리에 금속, 나무 등 다양한 소재로 만든 감각적인 공예품들을 활용하면 계절감과 장식적인 멋스러움을 동시에 연출해 볼 수도 있다.

계절에 맞는 다기

다기의 색감과 질감은 도자기의 바탕이 되는 태토胎土와 표면에 바르는 유약釉藥, 굽는 온도에 따라 달라진다. 계절에 따라 찻물의 적정한 온도를 조절할 수 있도록 고려하여 선택한다.

- 봄·여름 : 시각적으로 깨끗하고 시원한 느낌의 백자류나 연한 색의 다기를 주로 사용한다.
- 더운 여름 : 온도 영향이 적은 유리 차도구를 많이 쓴다. 깨끗하고 투명하여 차색을 잘 볼 수 있어 시각적인 효과도 있다. 차가운 음료를 낼 때는 물방울이 맺히는 것을 고려하여 잔받침을 사용하며 다양하고 감각적인 것으로 멋을 낸다.
- 가을·겨울 : 따뜻한 느낌의 다기가 좋다. 뜨겁게 마실 수 있도록 크기나 두께를 고려해 선택한다. 발효차에는 유약을 하지 않은 다채롭고 독특한 색감의 다기도 좋다.

향香

고려 말 조선 초의 대학자인 목은牧隱 이색李穡은 〈가을날에 회포를 쓰다秋日書懷〉라는 시에서 '한 심지 향불 아래 한 잔의 차를 마시네一椀新茶一炷香'라고 향과 차가 있는 일상의 정취를 표현했다. 찻자리 속에서의 향은 심신을 정갈하게 하고 주위를 정화해 주며 고아高雅한 정취를 즐기게 해주는 요소 중의 하나이다.

• 향의 쓰임

향은 고대로부터 현대에 이르기까지 종교 의례, 기원 의식은 물론 약용, 심신의 안정과 수양을 위한 정신안정 기능으로 다양하게 쓰였다. 옷에 향기를 쐬어 옷을 보호하거나 실내의 해충으로부터 인체를 보호하는 생활용품으로도 사용하였다. 냄새를 없애고 정신을 맑게 하므로 옛 사람들은 귀한 사람을 만날 때 남녀노소 가리지 않고 향을 향낭香囊에 넣고 다녔다. 신농본초경新農本草經, 본초강목本草綱目, 본초음의本草音義, 동의보감東醫寶鑑 등에 전해지고 있으며 지금도 한의학에서 많이 사용되고 있다.

차를 마실 때, 독서할 때, 참선할 때, 시를 짓고 거문고를 즐길 때, 업무를 볼 때, 연회를 할 때, 가정의 경사인 혼례婚禮나 수연례壽宴禮에도 사용되었다. 좋은 향은 풍류와 아취를 즐길 때 더하는 특별한 기호품이었다.

• 향의 감상

눈을 감으면 향기를 맡는 기능이 깊어진다. 깊은 명상에 들 수 있고,

고요한 자리에 머물게 된다. 고상한 기운을 북돋아 마음을 편안하게 한다.

찻자리를 준비하고 차를 즐기기 전에 향을 피움으로써 마음을 정갈하게 한다. 차를 음미하는 동안 방해가 되지 않도록 하려면 찻자리를 정돈하기 전후 또는 쉬는 동안에 적절한 시간을 선택하여 피워야만 효과적이다.

향을 피우는 향로나 도구들은 찻자리의 이야기 소재가 되기도 한다. 향을 주제로 차회를 열어 감상하고 즐기는 시간을 갖을 때는 찻자리와 어울리는 향으로 한 가지 정도만 선택하는 것이 좋다.

꽃, 다식, 차, 다기와 다구, 향 이외에도 찻자리의 아름다움을 느낄 수 있는 것들은 다양하다. 다식을 담아내는 합이나 접시, 꽂이나 젓가락, 화병 등 다양한 소품들을 감각적인 색감과 질감으로 선택하여 차분하고 아늑한 분위기를 연출한다. 도자기 질감을 더 시원하게 느끼게 하는 모시나 삼베 소재의 다포나 받침, 따뜻함을 느끼게 하는 누비 방석도 찻자리에 멋스러움을 더한다. 준비하는 사람이 계절을 충분히 느끼고 있다면 찻자리에도 계절의 향기와 아름다움이 전해질 것이다.

향의 종류

- **선향, 불향** : 각종 향을 가루내고 배합하여 가느다란 선모양이나 원뿔 형으로 만든다. 불을 붙이면 일정하게 타들어가며 향기를 내어놓는다.
- **가루향** : 전서체의 글씨나, 이어지는 도안으로 만들어진 틀에 가루향을 넣어 문양을 만들고 한 쪽 끝에 불을 붙이면 향이 타들어가며 향기를 만든다.
- **향목** : 향완香椀의 재 속에 불을 머금은 향탄香炭을 묻고 그 위에 은엽銀葉을 올리고 은엽 위에 침향나무 수지樹脂나 향목香木을 올려 연기 없이 향기를 즐긴다.

3. 이야기가 있는 찻자리 준비

좋은 이들과 차를 마실 때 그 맛과 향이 배가 되며, 귀한 기물도 더욱 빛난다. 그만큼 찻자리에서 사람이 갖는 의미는 크고 중요하다. 차는 긴장을 풀고 정서를 안정시켜주는 문화적 음료이다. 각자의 취향을 존중하면서 함께 마시는 찻자리는 아름답다. 필요한 것들을 살펴 잘 준비된 자리에는 편안함과 즐거움이 존재한다.

🌿 주제와 목적

행사나 모임의 성격을 파악한다. 차가 중심인지 행사가 중심인지를 파악하여야 차와 다구 선택에 도움이 된다. 규모가 있는 행사에 차를 낼 때는 물론 차를 주제로 지인을 초대하는 작은 찻자리라도 주제와 목적이 무엇인지 정확히 파악하여야 한다.

- 차 한 잔으로 몸과 마음을 깨우는 명상 찻자리
- 조용히 다담을 나누며 차의 색향미를 즐기는 찻자리
- 가족간의 축하와 기념을 위한 찻자리
- 학교 모임, 신년 · 연말 모임 등 친목의 찻자리
- 회의나 세미나 진행을 위한 찻자리

🌿 구성 인원

차와 다담은 친목과 우의를 두텁게 한다. 모임
의 친밀도는 누구와 먹고 마시느냐에 따라 달라
질 수 있다. 구성원의 성향과 초대 인원수도 고
려한다. 구성 인원이 원활하게 소통할 수 있는
자리를 마련하려면 참석자의 연령과 참석자 간
의 관계를 살펴 준비하여야 한다. 참석 여부 점
검을 통해 참석할 분들의 자리를 지정하여 배치
하면 더욱 편안하게 즐기도록 도울 수 있다.

🌿 참여 일시

장소와 함께 일시, 초대 내용이 적힌 안내장이나 모바일 초대장 등을
준비한다. 초대장이나 안내는 시간의 여유를 두고 전달하고, 초대 범
위를 알리는 것도 좋다. 원활한 준비를 위해 참석 여부를 미리 묻는 것
도 필요하다.

야외 찻자리는 자연환경과 어울려 정취가 한몫을 하지만 일기예보를
반드시 살펴야 한다. 계절과 날씨는 그날의 분위기를 좌우한다. 찻자
리가 이루어지는 시간과 실제 소요 시간을 살펴서 물 준비와 차의 종
류 등을 점검한다.

식사 시간과 차 내는 시간의 간격을 고려하여 다식 종류와 양을 신경
써야 한다.

🌿 공간 특성

장소의 형태나 공간의 규모에 따라 상하석을 배치한다. 실내에서 상석은 안쪽으로 배치하지만 출입과 동선을 고려하여 편안한 자리로 세심하게 배려하면 좋다. 테이블과 좌식 다탁의 형태, 크기에 따라 놓이는 위치를 잘 결정해야 쾌적한 찻자리를 구성할 수 있다. 주인의 자리와 손님의 자리는 공간의 규모와 동선에 따라 입식과 좌식의 앉음새를 살펴 정하는 것이 바람직하다.

야외의 상석上席은 경관이 좋은 곳으로, 차를 내어주기 편한 곳으로 정한다. 경치가 좋을수록 자연 자체를 충분히 즐길 수 있도록 한다. 과하지 않은 다구와 소품들로 간결하고 소박하게 준비하는 것이 좋다.

작은 차회를 집에서 할 때는 집 안을 깨끗하게 정돈한다. 손님은 현관에서 반갑게 맞이한다. 손님이 손 씻는 곳으로 가기 전에 소지품 둘 곳과 좌석을 미리 안내하는 것이 좋다. 차를 내는 자리에서 명주茗主는 번거롭게 자주 일어나지 않는다. 찻자리 진행에 도움을 주는 사람이 따로 없을 경우는 가까이에 다식과 물 그리고 넉넉한 크기의 퇴수기를 미리 준비하여 둔다.

차에 친숙한 사람이, 능숙한 솜씨로, 좋은 물을 끓여, 어울리는 그릇에, 정성껏 차를 내어주어야 제격이다. 그렇지만 그 날의 주제에 맞게 준비하고, 참석하는 사람들이 그 분위기에 잘 어울릴 수 있도록 돕고 즐기는 것이 더욱 중요하다.

4. 삶을 아름답게 하는 찻자리

'검이불루 화이불치儉而不陋 華而不侈'는《삼국사기三國史記》〈백제본기百濟本記〉와 정도전이 쓴《조선경국전朝鮮經國典》에 등장하는 고사성어로, 우리 민족이 추구했던 아름다움을 상징하는 말이다. 검소하면서도 누추한 데 이르지 않고, 화려하면서도 사치스러운 데 이르지 않는 것이 진정한 아름다움이라는 뜻이다. 이 뜻을 새기며 검소하지만 잘 갖추어 소홀하지 않고 화려하거나 사치스럽지 않은 찻자리를 고민해 본다.

🌿 의식 찻자리

특별한 의례가 행해지는 찻자리는 식순에 따라 차를 내는 순서를 정하게 된다. 차를 내는 명주와 손님 자리를 정할 때 주빈의 자리를 찻자리 중심에 배치한다.

• 신년하례 찻자리

가족 또는 지인들과 새해 인사와 덕담을 나누는 자리이다. 좌식 찻자리로 구성할 때는 방석을 놓아 앉을 자리를 정하고, 차 우리는 자리를 마련한다.

정해진 자리에 어른이 앉으시면 세배를 드린다. 부부, 형제, 자매, 지인 간에는 맞절 세배를 한다. 그런 다음, 웃어른들께 진다進茶■1한

다. 진다잔은 굽과 뚜껑이 있는 의례용을 준비한다. 함께 마시는 차는 구성원이 좋아하는 차로 두 가지 정도 내며, 따뜻한 질감의 다구를 선택한다. 세배를 마치고 다식과 차를 즐기며 어른의 덕담을 듣는데, 이야기를 나누기 편하게 둘러앉거나 테이블에 앉아도 좋다.

• 성년례 찻자리

매년 5월 세 번째 월요일이 성년의 날이다. 부모님의 따뜻한 보살핌 속에 자라온 자녀에게 성년 됨을 축하하고, 책임과 의무를 다하도록 격려하는 날이다. 전통 방식의 성년례는 개별적으로 행하여졌다. 현대

■1 **진다** : 의례를 통해 웃어른께 차를 올리는 것을 말한다. 참고로, 종교적 의례나 돌아가신 분께 차를 올리는 것은 헌다獻茶라고 한다.

에도 19세가 되는 생일에 찻자리를 마련하여 특별한 생일잔치를 성년
례로 하기도 한다.

　초례醮禮 때 술 대신 차를 낸다. 향기로운 차로 몸과 마음을 맑고 건
강하게 지키도록 권하며, 술은 알맞게 마시는 것임을 당부한다. 가족
성년례의 명주는 어머니나 형제·자매 중 한 명이 한다. 명주가 우린
차를 형제·자매나 지인이 성년자에게 전하고, 아버지는 차를 건넨 의
미와 덕담을 전한다.

　차와 다구는 생일이나 계절을 고려하여 선택하는 것이 좋다. 성년자
의 취향을 반영하여 찻자리를 활기차고 생동감 있게 꾸미고, 선물도
준비한다.

성년례 선물

- **시계** : 시간의 중요성, 시간의 소중함을 전하는 의미
- **장미꽃** : 무한 열정과 사랑이 지속되길 바라는 의미
- **향수** : 다른 사람에게 좋은 기억이 남기를 바라는 의미
- **구두** : 좋은 곳으로 데려다 준다는 의미
- **만년필** : 성공을 기원한다는 의미

학교나 지자체 등에서는 19세가 되는 고3 성년자들을 축하하기 위해 예를 갖춘 합동 성년례를 하고 있다. 사회적 책임과 의무를 일깨워 주는 자리로 전통의례 절차를 살리면서도 현대에 맞게 각색하여 진행한다.

• 회갑다례 찻자리

회갑은 육십갑자六十甲子의 갑甲으로 되돌아온다는 뜻이다. 내가 태어난 천간의 해가 육십 년을 돌아 다시 온 나이, 예순한 살을 이르는 말이다. 신체적 정신적 변화에 적응하고 익숙해져야 하는 인생의 소중한 기점이라 할 수 있다.

회갑연은 감사와 축하의 잔치를 하는 것이고, 회갑을 맞이하시는 분께 차를 올리는 의식은 전통 수연례의 진찬연을 현대에 맞게 재구성한 것이다.

🌿 친목 찻자리

축하하고 함께 기쁨을 나누기 위한 자리이다. 규모나 목적에 따라 살펴야 할 것들이 있다. 명분에 맞는 간결한 자리가 되도록 하기도 하고, 많은 사람이 충분히 즐길 수 있도록 풍성하고 화려한 자리를 준비하기도 한다.

• 축하 찻자리

입학, 졸업, 생일, 취업, 결혼기념일 등 축하를 위한 찻자리는 밝고 활기차다. 입식이나 좌식 자리에서 차와 다식을 편안하게 즐길 수 있도록 하고, 현수막을 걸어 축하의 메시지를 전달한다.

저녁 모임은 축하주도 준비하지만, 따뜻한 홍차를 와인잔에 마시면 이색적이다. 홍차를 와인잔에 내면 운전자는 물론 남녀노소 모두 기분을 낼 수 있다. 여름엔 아이스티로 내어본다.

현대의 축하파티 형식으로 자유롭게 서서 차와 다식을 즐기기도 한다. 뷔페식으로 준비하여 기호에 맞는 차를 찾아 마실 수 있도록 하려면 차의 종류와 특징을 미리 안내해 둔다. 사전 준비가 더욱 필요하지만 주최자가 손님과 함께 즐길 수 있어 좋다.

다양한 차를 준비할 때는 찻잔의 종류도 다양하게 준비한다.

• 기념 찻자리

손님맞이, 큰 모임, 행사가 이루어지는 찻자리는 참여 인원수가 많은 자리이다. 축사는 소수만 하게 하고 내빈소개로 대신한다. 식전행사가 길어지면 준비된 차를 마음껏 즐기기 어려울 수 있다. 차를 즐기는 동안 참석하신 내빈을 추가로 소개하거나 가볍게 축하 말씀을 청한다.

긴 테이블은 양쪽 끝에서 차를 준비한다. 차를 내는 곳이 여러 곳이면, 손님이 많아도 차의 양을 조절하며 신속하게 낼 수 있다.

모임, 행사의 규모가 커질 때는 테이블의 수를 늘리고 테이블마다 다른 느낌으로 셋팅한다. 편안한 동선을 만들어 다양한 종류의 차를 즐길 수 있도록 하면서 전체적으로는 조화로운 색감을 선택하여 연대감이 느껴지도록 한다. 이동이 어려운 자리는 개인 다반에 차와 다식을

준비해서 제공한다.

차는 발효차나 꽃차, 대용차代用茶류를 낸다. 차의 온도를 유지할 수 있는 도구를 사용해도 좋다. 녹차는 시간이 지나면 산화되어 탕색이 붉어지므로 바로 마시는 소규모 찻자리에 적당하다.

꽃은 잔잔하고 소박하게 하여 움직이는 데 방해되지 않게 하는 것이 좋다. 여러 사람이 편안하고 쾌적하게 차를 마실 수 있는 찻자리가 되도록 살펴야 한다.

'2018년 주제가 있는 차회', 명륜당,
사진 : 박정미 제공

🌿 차모임 찻자리

차를 좋아하는 사람들은 정기적으로 찻자리를 갖거나 특별한 차를 맛보기 위해 만난다. 차를 즐기는 찻자리는 '차회'나 '다회'라는 이름으로 열린다. 이런 차모임을 통해 우리는 좀 더 다양한 차를 접할 수 있다. 각자 가지고 있는 차를 가져와 소분하여 나누어 마시기도 한다. 많은 종류의 차를 오래 두고 즐기다 보면 향과 맛이 변할 수도 있으니 개봉한 차는 가급적 빨리 마신다. 맛과 향이 좋을 때 벗들과 나눔을 하거나 함께 마시는 것이 좋다.

• 달빛 차회

꽃이 피고 지는 것을 보며 계절의 변화와 자연의 아름다움을 느낀다. 달빛 아래에서 이러한 감성을 함께 나누고 싶은 사람들이 모여 차를 마신다. 보름달이 뜨는 날이면 달빛만으로도 찻자리의 아취는 넘친다. 가득 차오른 달빛 아래 차를 마시며 나누는 덕담은 한 편의 시가 되기도 한다.

서늘하거나 찬 기운이 강한 계절에는 창문 너머 보름달을 벗 삼아 실내에서 달빛 차회를 할 수도 있다. 달빛을 볼 수 없다면 등을 켜서 달빛을 대신한다. 등燈은 어둠을 밝히기 위해 켜지만 아취雅趣를 더하기 위해 켜기도 한다. 둥그렇게 둘러앉아 여럿이 어울리는 찻자리는 둥근달을 연상시킨다. 절기식節氣食을 나누어 먹거나 보름달의 추억을 회상하며 차를 마신다. 계절에 어울리는 차를 마시기도 하고 벗들과 나누고 싶은 차들을 가지고 와서 다양하게 차를 권하며 마신다.

• 말차抹茶 차회

가루차를 즐기는 말차 차회는 손님의 수를 간결하게 한다. 말차는 찻잎을 우려서 마시는 것이 아니라 찻잎을 갈아서 온전히 먹는 것이다. 빈속에 마시는 것보다 다식을 먼저 먹는 것이 좋다.

주인은 손님 한 분, 한 분의 말차를 정성스럽게 격불擊拂한다. 다완에 잘 풀어낸 포말泡沫은 부드러운 거품이다. 먼저 마시기를 권하면 손님은 인사를 한 후 마신다.

다완茶盌의 온기를 느끼며 포말이 사그러지기 전에 나누어 마신다. 입안의 향과 맛을 충분히 음미하고, 다완을 내려놓으며 주인에게 찬사讚辭를 건넨다. 주인은 겸사謙辭하며 마음을 주고받는다. 백탕기白湯器 ■1에 담긴 맑은 물은 다완의 차를 다 마실 수 있도록 돕는다. 입안의 여운을 더 즐기고 싶을 때는 백탕기의 물은 쓰지 않는다. 격식과 편안함이 공존하는 자리는 주인과 손님이 함께 만들어 가는 것이다.

■1 **백탕기** : 다완에 남아 있는 말차를 마실 때 사용할 끓인 물을 담아낸다. 아주 작은 다관을 백탕기로 쓴다.

• 자다煮茶 차회

옛 차인들의 찻자리를 떠올리며 돌솥에 물을 끓이고 다연茶研에 차를 갈아본다. 다연을 좌우의 벽 쪽으로 기울여가며 앞뒤로 굴린다. 적절한 힘 조절이 필요하다. 참석한 손님 중 한 분이 직접 차를 갈고 주인은 그 차를 받아 끓어오르는 물속에 넣는다. 거품과 함께 끓어오르면 불을 약하게 하고 기다렸다가 표자瓢子로 떠서 거름망에 거른다.

큰 다관을 숙우로 사용하여도 좋다. 숙우에 담아 낸 차를 살피고, 고운 가루가 있다고 생각되면 잠시 가라앉힌 후 찻잔에 따른다. 이렇게 끓여 마시는 차는 발효차인 떡차나 육보차, 보이숙차 등이다. 끓이면서 특유의 잡내가 날아가니 부드러운 감칠맛의 차를 즐길 수 있다.

화로에 직접 끓이면서 마시는 차는 공간의 온도를 올리고, 뜨겁게 여러 잔 마시면 몸도 마음도 따뜻해진다. 추운 계절에 더 없이 좋은 찻자리이다.

숙우

표자와 거름망

다연

화로와 차솥

5. 찻자리 미학

아름다움을 느낀다는 것은 만물의 참모습을 느끼는 것이다. 감성적 사고와 감성적 행동이 보완되어야 참 모습을 느낄 수 있다.

찻자리의 미학적 접근

우리는 자연의 변화를 보고 듣고 느끼면서 행복해한다. 행복을 추구하는 생활의 필수조건이 아름다움이며, 미학적 접근이 삶을 윤택하고 아름답게 영위할 수 있도록 방향을 제시하고 이끌어 준다.

인간의 삶에서 예술은 행복과 아름다움의 원천이다. 감성적 심미활동을 통해 예술은 탁한 마음을 정화시키고 피곤한 육신을 풀어 준다. 순수한 감동을 일으키는 감성을 향유하는 것은 인간의 본능에 가까우며, 이러한 미적 향유와 태도를 통해 우리의 정서는 순환되고 치유될 수 있다.

찻자리는 나누는 공간이다. 주변이 고요하여 마음을 차분하게 할 수 있는 곳이 좋지만 차를 마실 수 있는 공간이면 어디든 찻자리가 될 수 있다. 옛 사람들은 자연 속 넓은 바위 또는 경치가 수려한 곳에 세워진 정후, 대臺, 누樓 등이나 헌軒, 각閣, 재齋, 당堂, 옥屋, 실室 등에서도 차를 마셨다.

현대의 주거생활에서는 거실이나 별도의 차실에서 찻자리를 가지며,

필요에 따라 야외에서 이루어지기도 한다. 시대를 달리할 뿐 차와 자연을 벗할 수 있는 곳을 자유롭게 선택하여 즐기고 있다.

찻자리는 종합예술 공간이다. 사람과 다양한 요소가 조화를 이루는 장소이기에 늘 풍요롭고 즐겁다. 찻자리는 동석한 사람들의 생각과 경험을 공유하고, 서로의 다름을 이해하고 공감하는 자리이다. 찻자리에 존재하는 공감요소와 그것을 즐기는 정도에 따라 행복감이 더해진다. 모든 요소들이 그 자리에 참석한 구성원을 배려한 것이어야 한다.

주인은 정성스런 마음, 손님은 감사하는 마음을 갖는 찻자리는 오감을 즐겁게 한다. 배려하는 행동이 전해지며 정서적 안정을 느끼게 된다. 감동과 교감이 자연스럽고 조화롭게 이루어질 때 찻자리는 화합의 장소가 되고 사교의 장이 되며 아름다움이 묻어나는 예술적 공간으로 승화된다.

다양한 미적 요소들이 존재하는 찻자리는 통일성을 기반으로 어울림과 조화로움을 통해 아름다움이 느껴지도록 해야 한다. 그러한 찻자리를 준비하려면 안목이 필요하다. 안목을 갖추려면 생활 속에서 간소한 찻자리를 자주 즐겨보는 것이 좋다. 주인과 손님 모두 편안한 자리가 되게 하려면, 서툴게 모방하는 찻자리라도 반복하여 준비하고 즐겨 보는 것을 권한다. 그러면서 점진적으로 독창적인 찻자리를 표현하게 되고 아름다움이 드러나게 된다.

아름다운 찻자리는 준비하는 사람의 정성과 안목, 동석한 사람의 참여와 감성에 따라 무한히 확대될 수 있다.

02

차의 수호자
차도구

차는 그릇 안에서 물을 만나 찻물이 된다.
차와 물이 융합되는 차우림 그릇은
차도구 전체의 흐름을 주도해 왔다.
차문화의 생동감은
차우림 그릇의 변화에서 찾아볼 수 있다.

1. 차도구란

다기를 통해 만들고 다기에 담긴 차를 마신다. 차를 마시기 위해 사용되는 다기와 다구를 모두 차도구라고 한다. 다구가 찻일에 사용되는 포괄적인 기물을 일컫는 것이라면, 다기는 그 안에서 차를 우리고 마시는 데 사용하는 기물만을 통칭하는 것이기도 하다.

사람들이 차를 마시기 시작한 초기에는 순수 찻잎이 아닌 파, 수유茱萸, 생강 등 다른 약재를 넣고 함께 끓여 마셨다. 이 시기에는 다기와 식기가 종종 혼용되었다. 인류가 차도구를 갖추어 놓고 차를 마셨던 것은 기원전 59년 왕포王褒의 《동약童約》을 통해 엿볼 수 있다. 《동약》은 일종의 노비문서로 노비의 의무를 규정한 내용 중에 차시장에서 차를 사오는 일과 팽도진구烹茶[1]盡具, 즉 차를 우리고 다기를 정돈하여 놓는 일이 있었다. 당시 시장에서 사온 차를 순수하게 마셨는지 혼합음료로 마셨는지 알 수는 없으나 차도구를 갖추고 차를 마셨던 것을 확인할 수 있다.

순수한 차를 마시기 위해 차도구를 구별해서 사용하기 시작한 것은 당나라 육우의 《다경茶經》으로 알 수 있는데 육우는 당시 만연해 있던 혼합차 풍속을 매우 애석하게 생각하였다. 그는 차를 일반약재나 식품, 다른 음료와 구별하고 다기를 직접 설계하여 차 마시는 과정을 체

■1 도茶 : 차茶 자의 옛 표기

계화하였다. 더 나아가 다기의 가짓수를 규정하여 제대로 사용해서 차를 달여 마시는 것을 제안했다.

차의 성질은 이물질의 향기에 쉽게 동화된다. 당시 만연했던 혼합차 음용풍속에서 차를 순수하게 마셔야 한다는 주장을 구체화하는 첫 번째는 차를 담는 그릇을 구별하는 일이었을 것이다. 《다경》에 제시된 다기는 오늘날 차도구의 모태가 되었다. 육우는 다기를 통해 일상과 비일상을 통섭하는 정행검덕精行儉德의 차정신을 실현하려 하였다.

오늘날 세계 인구의 반이 매일 차를 마신다. 어디서나 끓인 물을 쉽게 구할 수 있어 간단한 다기만 갖추면 때와 장소를 불문하고 차를 마실 수가 있다. 휴대용 텀블러는 이동하면서도 차를 마실 수 있게 해준다. 이제 차도구를 취향껏 선택하고 그 사용법에 따라 차를 마시는 것이 라이프 스타일이 되었다. 차문화 역사상 새로운 차는 새로운 전다법煎茶法을 탄생시켰고 새로운 전다법을 실현하기 위해서는 새로운 차도구가 요구되었다. 역사적으로 차도구는 시대적으로 유행했던 차와 전다법에 직접적인 영향을 받으며 발전해 왔다.

🌿 차도구의 흐름

차는 그릇 안에서 물을 만나 찻물이 된다. 차와 물이 융합되는 차우림 그릇은 차도구 전체의 흐름을 주도해 왔다. 차우림 그릇에 맞추어 다기의 디자인이 바뀌고 가짓수가 결정된다. 차문화의 생동감은 차우림 그릇의 변화에서 찾아볼 수 있다.

• 솥鼎에서 차솥茶釜으로

차를 이용하던 초기에는 찻잎이 음식이나 약으로 이용되었다. 생잎을 직접 먹거나 다른 향신료나 식재료들과 섞어 마셨다. 이 시기에는 식기와 다기를 구별하지 않고 함께 썼는데 솥과 가마, 표주박과 사발 등이 사용되었다. 이런 혼합차 풍습은 당대唐代 육우가 《다경》을 저술할 무렵까지 계속되었다. 그 당시 차의 종류는 조차粗茶, 산차散茶, 말차末茶, 병차餅茶가 있었으며 이들을 암다법痷茶法으로 마셨다.■1 당시 증기에 쪄서 만든 병차는 자다법煮茶法으로 마셨다. 원시 혼합차를 끓이던 자다煮茶와는 달리 육우가 제시한 자다법은 차전용 솥을 이용해서 순수한 찻잎만을 끓이는 방식이었다.

■1 《茶經》, 六之飮 : 차를 쪼개고 볶고 불에 쬐고 절구질하여 병이나 오지그릇 속에 넣고 끓인 물을 부어 우려 마시는 방법인데, 이를 암다痷茶라고 한다. 암다는 잎차를 우리는 방식인 포다법의 근원이기도 하다.

병차는 끓이기 전에 불에 굽고 연磑에 갈은 후 다시 고운체에 쳐서 분말을 만들었다. 분말을 담아 놓았던 차합茶盒, 차의 양을 재는 차칙茶則, 끓인 물을 식히기 위한 숙우熟盂, 물을 뜨고 끓인 차를 나누는데 사용되었던 표주박瓢, 차를 담아 마시는 찻잔 등이 자다법 시기에 사용되었던 차도구들이다.

자다법에서는 풍로 위에 차솥鍑을 안정적으로 받쳐 놓는 교상交床이 중요한 차도구였다. 《다경》에 의하면 당시 찻잔으로 인기 있었던 것은 중국 월주요의 청자였다. 차솥에 차를 끓이면 찻물색이 붉어지는데 청자에 담으면 백홍색으로 보여 아름답기 때문이었다.

• **차솥**茶釜**에서 다완**茶盌**으로**

송宋나라 때는 차가루를 다완에 점다點茶하여 마셨다. '점다'란 다완茶盌에 직접 차가루를 넣고 끓는 물을 부어 차선茶筅으로 격불하는 것을 말한다. 점다를 위해 다완과 탕병湯瓶이 사용되었다.

남송시대 심안노인審安老人의 《다구도찬茶具圖贊》에는 12가지 점다용 차도구들이 소개된다. 육우의 자다법에 등장하지 않는 다완과 차선, 탕제점湯提点은 송대 말차 점다에 사용되던 독특한 차도구들이다. 탕제

풍로   교상   차솥   탕제점

〈비차도〉: 왼쪽에 탕제점을 들고 물을 따르는 사람이 보인다.

점은 끓인 물을 넣는 탕병으로 물을 따를 때 물줄기가 잘 뻗어 나오도록 만들어졌다. 유송년의 〈비차도備茶圖〉에 탕제점을 들고 물을 따르는 모습이 보인다. 점다법에는 비교적 크기가 큰 다완과 격불용 차선이 주요한 도구였다.

송대는 중국 차문화의 최고 흥성기로 말차를 이용한 투다鬪茶[1]와 명전茗戰[2] 등이 만연했는데 투다에 쓰일 최고의 차를 만들기 위해 엽록소를 짜내는 방식으로 차를 만들어 차의 색이 백색이었다. 당시 인기 있었던 다완은 이런 하얀 차 거품을 돋보이게 하여 조화가 잘 이루

[1] 투다鬪茶 : 차애호가들이 여러 차를 평가하고, 차의 색 · 향 · 미를 잘 내는지 경쟁하는 것.
[2] 명전茗戰 : 사회명사들이 모여 다예를 서로 겨루는 것으로, 차와 물, 찻그릇, 격불 솜씨를 겨루는 차모임.

어지는 흙갈색 계열의 천목유적잔天目油滴盞, 건주토호잔建州兎毫盞 등이었다.

우리의 고려시대 역시 점다가 유행하였다. 고려의 인종 1년1123에 송나라 사절로 고려에 왔던 서긍이 지은 《선화봉사고려도경宣和奉使高麗圖經》〈기명器皿조〉에는 다조茶俎, 금화오잔金花烏盞, 비색소구翡色小甌, 은로탕정銀爐湯鼎 등이 언급되어 있다. 그 외에도 많은 문인들이 쓴 시에서 차 맷돌茶磨, 주자注子, 풍로風爐, 다완茶盌, 은탕관銀湯罐, 철병鐵瓶, 돌솥石釜 등 여러 차도구들의 면면을 확인할 수 있다.

• 다완茶盌에서 다관茶罐으로

다관은 포다법의 전형적인 차도구이다. 포다법泡茶法은 명나라 중기 이후 잎차가 유행하며 발전한 방식으로 찻주전자에 찻잎을 넣고 물을 부어 우러나기를 기다렸다가 잔에 따라 마시는 방법이다. 포다법으로 물과 차를 융합시키기 위한 다관이 중요한 다기로 등장하였다.

포다법의 대표적인 형식은 오늘날 유행하는 공부차工夫茶에서 찾아볼 수 있다. 공부차는 차를 우리는 체계적인 방식으로, 차도구를 차례대로 사용하며 절차에 따라 차를 우려 대접하는 것이다. 청나라 시인 원매袁枚, 1716~1797는 《수원식단隨園食單》에서 "천유사 승려들이 무이 차를 우리는 데 찻잔은 호도胡桃 만 하고 찻주전자는 향연香櫞만 했다."고 말한다. 공부차는 두 개의 잔이 한 쌍을 이루고 있는 것을 사용하기도 하는데 좁고 긴 잔은 문향배, 낮은 잔은 차맛을

다관

품평하는 품명배이다. 우롱차는 일곱 번을 우려도 향기가 여전하다는 의미로 '칠포유여향七泡有餘香'이라는 말이 전해 오듯이 여러 차례 차를 우려 나누며 즐긴다. 향기를 중요시하는 우롱차의 다관은 명·청시기 다관에 비해 디자인이 다양하고 크기가 작아지며 오늘날까지 유행하고 있다. 포다법의 주요 다구는 다관인 차호茶壺와 찻잔, 개완, 탕관湯罐 등이다. 당시 경덕진의 청화백자와 강소성 의흥에서 생산되는 자사호紫沙壺는 포다법의 전형적인 다기로 사용되었다.

차도구는 시대별로 유행했던 차와 그 다법에 영향을 받으며 발전해 왔다. 차를 마시는 공간과 환경에 의해 크고 번잡했던 차도구는 작고 더욱 기능적인 디자인으로 변화되었고 가짓수도 점점 간소화되어 왔다. 오늘날 차의 종류는 그 이름을 알 수 없을 만큼 다양해졌지만 차도구는 오히려 간편하고 간소화되는 특징이 있다. 차생활은 알맞은 다기를 선택하는 것에서 시작된다.

🌿 다기의 선택

역사적으로 차문화의 형식은 무언의 약속이 공유된다는 특징이 있다. 우롱차는 자사호나 개완에 우려 작은 잔에 마시고 홍차는 상대적으로 큰 티팟에 우려 비교적 큰 잔에 마신다. 하지만 다기를 선택할 때 그 문화에 따라 우롱차는 반드시 자사호에 우리고 홍차는 큰 티팟에 우려야 한다고 일축한다면 다양한 기물을 갖추는 것에 대한 부담으로 오히려 차생활의 의욕과 재미를 그르치게 될 것이다. 한국의 분청사기에 중국의 보이차를 우리는 것도 좋고, 중국의 자사호에 한국녹차를 우리는 것도 맛을 상승시키는 데 도움이 된다. 어떤 나라의 어떤 다관이라도 모든 종류의 차를 우리는 것이 가능하다. 그럼에도 불구하고 다기라면 반드시 갖추어야 될 기본조건은 존재한다.

첫째 다기는 잡내가 나지 않아야 한다. 뜨거운 물을 부었을 때 흙냄새가 올라오는 것이 있는가 하면, 유약이나 안료에 따라 독특한 화학약품 냄새가 나는 것이 있는데 모두 다기로는 적당하지 않다. 다기는 사용하기 전후 청결관리가 필수다. 다기에 마시던 차를 남겨 놓거나 젖은 잎을 방치하면 얼룩과 균을 불러오게 된다. 특히 균열이 있는 장작가마 도자기나 자사호 등은 쉽게 오염되므로 주의해야 한다.

둘째 다기는 기능적이어야 한다. 다관은 입구와 물대의 수평이 맞아야 물줄기가 안정적이고 따르기를 멈출 때 몸통으로 물이 흐르지 않는다. 물식힘 사발은 지나치게 얇으면 뜨거워 사용하기 불편하다. 차통은 공기 차단이 잘되어야 찻잎에 습기가 스며드는 것을 막을 수 있다. 한 세트로 이루어진 다기는 서로 용량의 균형이 맞아야 차를 우리고 나눌 때 번거롭지 않다

• 차 종류에 따른 다관

차는 가공방식에 따라 향기가 다양하다. 꽃향을 부각시켜 만든 우롱차가 있는가 하면, 흑차처럼 미생물 작용으로 개성 있는 발효향을 갖춘 차가 있다. 각각의 차는 어떤 재질의 다관을 선택해 우리느냐에 따라 풍미를 상승시킬 수도 있다. 한두 개 다관만을 갖춘다면 유리나 사기 재질의 다기를 사용할 것을 추천한다. 차를 우린 후 깨끗이 씻어 잘 건조하면 여러 가지 차를 우려도 향기가 겹치지 않게 사용할 수 있다.

녹차 · 황차류 : 녹차와 같은 비산화차나 산화도가 낮은 황차는 비교적 낮은 온도로 우리는 것이 눈향嫩香, 어리고 연하며 풋풋한 향과 선상미鮮爽味, 감칠맛을 동반한 상쾌한 맛를 살리는 데 도움이 된다. 유약이 발린 두툼한 분청사기나 백자가 차의 풍미를 살리는 데 좋다.

백차 · 우롱차 : 백차나 우롱차처럼 천연 꽃향이 나는 차는 백자다관에 우리면 꽃향이 좀더 생생하다. 우롱차 중에 비교적 산화도가 높은 차의 경우 95℃ 이상의 뜨거운 물을 사용하여 차를 우리는 것이 풍미를 좋게 하므로 보온성이 좋은 자사호가 무난하다.

홍차류 : 홍차는 쌉쌀한 맛도 있지만 천연 꽃향과 농익은 과일향이 난다. 고온에 제대로 우린 홍차는 향기 속에서 맛을 느낄 수 있고 맛 속에서 향기를 찾을 수 있다. 홍차는 외형에 따라 소종홍차, 홍쇄차, 공부홍차가 있다. 먼저 외형을 살펴 보고 포법을 정한 후 다관을 선택한다. 단포법單泡法일 경우는 유리와 사기 재질의 티팟을 다포법多泡法일 경우는 자사호를 사용한다.

① 소종홍차 : 랍쌍소우총으로 대표되는 소종홍차는 소나무 훈연향이 강하고 채엽시 어린 싹을 따지 않아 쓰고 떫은맛이 덜하며 부드럽다. 사기 재질의 티팟이나 유리다관을 사용하여 비교적 긴시간 우려 풍미를 살려준다.

② 홍쇄차 : 홍쇄차는 찻잎의 외형이 잘게 잘려 있어 온잎형 차보다 성분이 쉽게 용출된다. FBOP, BOP, 패닝 등의 파쇄형 차Broken Tea는 사기나 유리 재질 다관을 이용한 단포법이 무난하다.

③ 공부홍차 : 기문홍차나 전홍 등 전통방식으로 만들어진 온잎형 홍

차류는 뜨거운 물을 이용해 여러 번 우리는 방법으로 그 문화가 발달했다. 일반적으로 공부홍차는 자사호와 개완 등을 가리지 않고 사용해도 무난하다.

개완

흑차류 : 흑차류는 유일하게 미생물작용으로 풍미가 형성된 차다. 대부분의 흑차는 끓여도 떫지 않다. 산차散茶 형태의 보이숙차와 육보차 등은 보온성이 좋은 자사호에 우리는 것이 바람직하다. 긴압차 형태의 흑차류는 알맞게 쪼갠 후 흐르는 물에 씻어서 직화 상태로 끓여도 된다. 열에 강한 자사탕관이나 무쇠탕관이 적당하다

• 처음이라면 백색 다기

차생활을 시작하면서 다기를 구입하게 되는데 처음에는 누구라도 망설이게 된다. 가격이 비싸고 화려한 것에 기준을 두기보다 차생활을 시작하게 된 취지를 생각하고 꼭 필요한 것에 기준을 둔다면 선택이 좀 더 쉬워질 것이다.

초보자는 찻물색이 그대로 보이는 백색의 다기를 선택하는 것이 좋다. 또 다기들을 하나하나 구입하기도 하지만 필요한 다기가 모두 구성되어 있는 다기 세트를 선택하면 번거로움을 줄일 수 있다.

일반적으로 다기세트는 찻잔의 개수에 따라 1인용, 3인용, 5인용 등으로 구분한다. 다기세트는 다관, 숙우, 찻잔 등이 기본으로 포함된다. 교육용 다기를 고를 때도 한 벌로 된 백색 다기가 무난하다.

다기

다기 관리와 보관법

- 사용한 다기는 항상 깨끗이 헹구어 물기를 잘 닦아 건조시킨다.
- 건조하는 받침은 냄새가 나지 않아야 하고 공기가 통할 수 있어야 한다.
- 다관을 사용한 후에는 뚜껑을 조금 열어 건조시켜 다른 향이 배지 않도록 한다.
- 천연유약의 도자기와 자사호 등은 화학 세제를 사용하지 않는다.
- 다기에서 잡냄새가 날 때는 5분 정도 끓여서 햇빛에 건조시킨다.
- 다기를 보관하는 곳도 통풍이 잘되고 청결하게 유지하도록 한다.

2. 녹차를 위한 차도구

우리나라 차는 녹차가 주를 이룬다. 현대는 각 차회茶會마다 그 형식이 다양하여 찻상 차림이나 다기의 배치방식이 다르다. 녹차를 우리는 일반적인 다기는 다관, 숙우, 차통, 차시, 찻잔, 찻잔받침, 퇴수기 등이다.

꼭 있어야 하는 차도구

• 차우림 그릇, 다관茶罐,

잎차를 우리기 위한 필수적인 다기가 다관이다. 다관의 입과 뚜껑은 꼭 맞아야 하며 물이 다관의 몸통으로 흘러내리지 않도록 절수切水가 잘 되고 모두 따랐을 때 남는 물이 없어야 한다.

다관은 사용할 때 평형이 맞아 손이 불편하지 않고 안정적이어야 하며 무엇보다 냄새가 나지 않아야 한다. 다관의 재질은 도자기, 유리, 은 등이 있다. 다관은 차의 종류와 사람 수를 감안하여 알맞은 것을 선택한다. 다관의 형태는 보통 네 종류가 있다.

앞손잡이

옆손잡이

윗손잡이

완형

나라별로 차우림 그릇을 부르는 말이 다르다. 하지만 모두 잎차를 우리기 위한 것이라는 공통점이 있다.

- **다관** : 우리나라에서는 대체로 다관이라 부른다.
- **차호** : 중국에서는 차호茶壺라고 하며 재질에 따라 자사호紫沙壺, 사기호砂器壺, 파리호玻璃壺 등으로 부른다.
- **큐스** : 일본에서는 다관을 '큐스急須,きゅうす'라고 칭하고 형태는 손잡이가 달린 것이 있고 완형으로 손잡이가 없는 것도 있다.
- **티팟** : 서양권에서는 '티팟teapot'이라고 부른다.

• 물식힘 그릇, 숙우熟盂

한국차 행다법에 사용되는 숙우는 물을 알맞게 식히기 위한 용도의 그릇이다. 손잡이가 없고 귀가 달린 귀때사발이 주로 사용된다. 숙우의 크기는 다관과 조화를 이루어야 한다. 뜨거운 물을 식히기 위한 것이므로 지나치게 얇은 것보다 알맞게 두툼한 것이 좋다.

숙우

• 차통茶筒, 차호茶壺

차를 담는 그릇은 통筒, 호壺, 합盒 모양이 있다. 합 모양은 차합茶盒, 항아리모양은 차호茶壺라고 부른다. 재질은 도자기, 나무, 금속 등이 있다. 차통은 습기가 침투하지 않도록 뚜껑이 잘 맞아야

차통

하고, 한번에 많은 양을 넣어 사용하기보다 그때그때 덜어서 사용하는 것이 좋다.

• **찻잔**茶盞

찻잔은 다관의 크기와 균형을 이루는 것이 좋다. 찻잔은 차류에 따라 다르지만 한국차에 이용되는 찻잔은 입이 넓은 주발盌 모양과 입이 좁은 종鐘 모양이 있다. 차생활을 처음 시작하는 사람은 화려한 것보다 차의 색을 볼 수 있는 백색 잔이 좋다.

• **차시**茶匙

차시는 차통에서 차를 떠서 다관에 옮길 때 사용한다. 차칙, 긁개 등 디자인에 따라 이름을 달리 부른다. 재질은 나무, 대나무, 동, 은, 도자기 등이 쓰인다.

• **퇴수기**退水器

퇴수기는 물버림 그릇으로 예온수와 설거지 물을 버리는 용도로 사용된다.

찻잔

차시

퇴수기

🌿 있으면 더 좋은 차도구

• **잔탁**盞托, **찻잔받침**

찻자리 정취와 아름다움을 주는 데 큰 역할을 한다. 상대에게 드리는 차 한 잔에 공경심을 담았다는 표현이기도 하다. 찻잔받침은 유리, 도자기, 칠기, 나무, 대나무 등 다양한 재질이 있다. 찻잔과 같은 재질로 짝을 맞추어 사용하기도 한다.

• **개대자**蓋臺子, **뚜껑받침**

다관의 뚜껑을 올려놓는 용도이나 꼭 필요한 것은 아니다. 보통 다관 뚜껑보다 지름이 약간 크고 높이와 크기는 다관과 어울려야 한다.

• **차건**茶巾

행다례의 청결과 찻자리의 번거로움을 피하기 위해 차건은 반드시 필요하다. 물을 잘 흡수할 수 있는 순면이 좋고, 특별한 경우가 아니면 색이 있는 것보다 백색이 무난하다.

• **찻상보**茶床褓

찻상보는 찻상 위에 진열된 다기를 덮어 보관한다. 상보의 크기는 사용하는 찻상보다 사방四方 10cm 정도 크게 만들어 진열된 다기를 충분히 덮을 수 있도록 한다.

• **찻상**茶床**과 다반**茶盤

찻상과 다반은 다구를 올려놓거나 우린 차를 운반하기 위해 사용하

찻잔받침

는 받침이다. 다반의 재질은 여러 가지가 있으
나 나무를 주로 사용한다. 다반의 형태와 크기
도 다양하다. 행다례 시 곁반으로도 사용되고
손님에게 내는 차와 다식을 올려놓는 개인상
기능을 하기도 한다.

뚜껑받침

• 차 거름망

다관에서 차를 우린 후 차가루 등이 섞이지
않은 맑은 찻물만을 따라내기 위해 사용하는
도구로 특히 찻잎이 작게 부서져 있는 파쇄형
차의 경우 사용하는 것이 좋다. 금속, 자기, 유
리, 나무 등 여러 가지가 있다. 나무의 경우 잘
건조해 가며 사용해야 한다.

다건

찻상보

• 화로火爐와 차솥

차를 즐기기 위해서는 적절한 온도의 물이
필수다. 차를 우리는 바로 옆에 열원과 물 끓
이는 기물이 있다면 차마다 알맞은 온도의 물
을 사용할 수 있어 좋다. 전통적으로 돌솥을
많이 사용하였다. 현대는 간편하게 전기포트
를 많이 사용한다.

다반

차 거름망

화로와 차솥

3. 말차를 위한 차도구

말차는 격불擊拂하여 거품을 내어 마신다. 격불이란 다완에 가루차와
물을 넣고 차선으로 휘젓는 것을 말한다. 말차는 잎차를 우려 마시는
것보다 비교적 간단하고 기본적인 도구의 종류도 많지 않다.

꼭 있어야 하는 도구

• 다완茶盌

다완은 말차를 격불하고 마시기 위한 찻사발이다. 잎차용 찻잔보다
비교적 크기가 크다. 지름이 대체로 12~16cm 정도이고 형태는 완형,
통형, 평형, 천목형 등 다양하다. 차문화 역사상 다완의 크기와 빛깔은
당시 유행했던 차와 찻물색에 영향을 받으며 발전했다. 《대관다론》에
의하면, 송대에는 찻물색이 백색이어서 잔의 색은 검푸른 것을 귀하게
여겼다. 또한 격불에 유용한 다완의 디자인도 소개되고 있다. "다완은
바닥이 반드시 밑으로 깊으며 약간 넓어야 차거품이 일어나 쉽게 모이
고 차선을 거리낌 없이 움직일 수 있어 격불에 장애가 되지 않아야 한
다."[1]

---

[1]　휘종, 《대관다론》. 盞色貴青黑 玉毫條達者爲上 取其燠燠發茶采色也 低必差深而微寬
低深則茶宜立 而易于取乳 寬則運 筅旋徹 不礙擊拂

완형

통형

평형

천목형

　다완의 재질은 도자기, 유리, 은銀, 옻칠목기 등 다양하다. 백자와 분
청사기와 같은 도자기 재질의 다완이 말차용 다완으로 무난하다.

• 차합茶盒

　차합은 말차를 담는 데 쓴다. 많은 양을 담아 놓는 것보다 그때그때
사용할 말차를 체에 쳐서 담아 놓는다. 뚜껑이 잘 맞아야 습기의 침투
를 막을 수 있다. 재질은 주석, 도자기, 옻칠 목기 등이 있다.

• 차시茶匙

말차시는 말차를 차합에서 떠서 다완에 옮길 때 사용한다. 과거에는 대나무, 상아, 은 등으로 만든 차시가 사용되었다. 송대에는 차시를 격불擊拂에 사용하기도 해서 힘 있고 무게감 있는 황금, 은, 쇠로 만든 것을 사용했다.■1 현대 차시는 대나무로 된 것을 주로 사용한다.

• 차선茶筅

차선은 말차를 물에 풀거나 거품을 내는 격불용 도구이다. 차선은 과거부터 대나무로 만든 것을 사용하였다. 굵기와 길이가 다양한 여러 모양이 있는데 다완의 크기나 깊이 등을 감안하여 알맞은 것으로 골라 사용한다.

■1 채양, 《다록》, 茶匙要重 擊拂有力 黃金爲上 人間以銀鐵爲之 竹者輕 建安不取,

🌿 있으면 더 편리한 차도구

• 말차체

말차는 미세하고 가벼울수록 격불이 잘된다. 말차를 보관하는 중에 뭉쳐진 작은 덩어리들이 생길 수 있다. 체에 쳐서 덩어리를 풀어준 후에 격불하면 다완 바닥에 말차의 알갱이가 남지 않는다. 말차를 체에 치면 수분도 날려주어 말차가 가벼워지고 격불이 좀더 쉽게 된다.

• 차선꽂이

사용한 차선은 물에 잘 씻어 차선꽂이에 꽂아두면 다음에 사용하기 알맞은 형태를 유지하게 된다.

• 차건과 기타 말차용 보조도구

차건은 다완과 찻자리의 물기를 닦는 용도로 쓴다. 그밖에 상황에 따라 맹물을 담아 놓는 백탕기, 다완받침, 말차가루가 흩어졌을 때 털어내는 솔 등을 갖추면 편리하다.

말차체

차선꽂이

백탕기

다완받침

4. 홍차를 위한 차도구

홍차는 전세계적으로 소비가 가장 많은 차로 인도, 스리랑카 등지에서 주로 생산된다. 영국을 중심으로 유럽에서 즐기면서 홍차용 도구는 서구권 영향을 많이 받았다.

꼭 있어야 하는 차도구

• 티팟Teapot과 티코지Tea Cozy

서구권 홍차는 비교적 티팟Teapot이 크다. 차를 우릴 때는 티팟의 용량에 따라 차와 물의 양, 시간 등을 고려하여 레시피를 정한다. 티팟은 두 개를 사용하는데 차우림 용도와 우린 차를 담아내는 용도이다. 티팟에 담긴 차가 식는 것을 방지하기 위해 티코지를 사용하여 보온한다.

티코지와 티팟

• 찻잔Teacup과 잔받침Saucer

홍차용 찻잔은 손잡이가 있으며 비교적 크다. 잔에 맞추어 지름이 넓은 잔받침이 필수적으로 따라오는데, 차를 마실 때는 왼손에 같이 들고 마시기도 한다. 잔받침은 차를 저

찻잔과 잔받침

어 젖은 티스푼을 놓기도 하고 함께 먹고 있는 스콘이나 비스킷 등 다과를 잠시 놓는 데 유용하게 쓰인다. 차가 유럽에 전해진 초기에는 뜨거운 차를 마시기 어려워 잔받침에 덜어 식혀가며 마셨다고 한다.

🌿 있으면 더 편리한 차도구

• **설탕그릇**Sugar Bowl, **밀크저그**Milk Jug, **설탕집게**Sugar Tongs

동양과 달리 서양에서는 차가 전파되어 유행하기 시작했을 때는 설탕과 함께 확산되었다. 이때의 설탕은 얼음 같은 반투명 결정체여서 톱니가 있는 집게를 사용했다. 또 차를 부드럽게 하기 위해 우유를 더해 마셨으므로 밀크저그 등이 사용되었다.

• **티캐디**Tea Caddy, **티메이저**Tea Measure, **스트레이너**Strainer

동양의 차통 역할을 하는 것이 티캐디이다. 차를 습기와 광선으로부터 보호하기 위하여 주로 금속재질이 많다. 티메이저는 차를 계량하는 스푼으로 티캐디에서 차를 덜어낼 때 사용한다. 파쇄형 홍차는 잘린 차잎이 차탕에 들어가기 쉬워 티 스트레이너로 걸러 마신다.

설탕그릇과 밀크저그

티캐디와 티메이저

스트레이너

• **삼단 다과접시**Three Tier Tray**와 케이크서버**Cake Server

풍성한 티푸드가 담긴 삼단 트레이는 애프터눈 티의 중심이라 할 수 있다. 일반적으로 맨 아래에 샌드위치나 스콘, 중간에 구운 비스킷, 맨 윗칸에 달콤한 디저트류를 놓는다. 이를 덜어내기 위해 가위처럼 생긴 집게와 주걱 같은 케이크서버를 사용하는데 설탕집게, 티스푼 등과 함께 가장 장식적이고 아름답게 만드는 경향이 있다.

현대 간편 다기

간편 다기로는 차를 한꺼번에 많이 우릴 수 있는 주전자, 망이 포함된 머그컵, 다관과 찻잔이 세트로 된 휴대용 다기 등이 있다. 텀블러는 우린 차를 휴대하고 다닐 수 있고 어디서든 뜨거운 물만 있으면 차를 우릴 수 있어 간편하며 간단하다.

티드립퍼   드립포트   프렌치프레스   간편 다기

03

알수록 맛있는
차 기본 상식

인류와 수천 년 동안 함께 지내온 차茶!
현재 전 세계에서 물 다음으로
가장 많이 마시는 음료는 차이다.
다양하게 즐길 수 있는 차는
마음의 여유와 즐거움을 갖게 한다.
넓고 깊은 차의 세계, 알고 마시면
차의 맛을 더 깊이 음미할 수 있을 것이다.

1. 차나무 이야기

차나무는 여러해살이 아열대성 식물로 동백나무과에 속하는 상록수이다. 잎을 딴 후 만드는 방법에 따라 백차, 녹차, 황차, 청차, 홍차, 흑차 등 독특한 맛과 향이 나는 다양한 차가 만들어진다.

🌿 한눈에 보는 차나무

• 학명은 카멜리아 시넨시스

동식물에는 전 세계에서 통하는 정식 이름, 학명이 있다. 학명은 속명과 종명으로 표기하는데, 차나무는 속명인 동백나무속*Camellia*과 종명인 차나무종*sinensis*을 조합해 '카멜리아 시넨시스*Camellia sinensis*'라고 한다. 이것은 여러 품종으로 구분되는 차나무를 통칭하는 말이다.

1753년 스웨덴 식물학자 칼 폰 린네C.V. Linne가 최초로 이름을 부여한 이후 1953년 국제식물학회에서 명명한 학자의 이름을 붙여 *Camellia sinensis* L. O. Kuntze'로 공인하여 이 이름이 지금까지 쓰이고 있다. 속명 '카멜리아'는 린네가 체코 출신의 선교사이자 식물학 개척자였던 게오르그 요셉 카멜G. J. Kamel을 기념하기 위해 그의 이름에서 딴 것이고, 종명인 '시넨시스'는 라틴어로 '중국'을 의미한다. L.은 린네의 약자이고, O. Kuntze는 차나무 학명을 확정 지은 독일의 식물학자 오토 쿤츠Otto Kuntze의 이름에서 따온 것이다.

잎 표면은 광택이 나고
가장자리는 톱니모양이다.
어린 싹은 솜털로 덮여 있다.

꽃술

꽃봉오리는
9~11월 사이
꽃을 피운다.

배와 배젖

꽃은 주로
흰색이고
꽃술은
노란색이다.

씨앗 단면

꽃받침

씨앗

씨방

꽃 단면

뿌리는 직근성으로
3m 이상 곧게 뻗는다.

열매 안에 1개에서
많게는 5개의
갈색 씨가 들어 있다.

• 꽃과 열매의 만남

여름철 고온에서 더 이상 새싹이 나오지 않게 되면 차나무는 꽃피울 준비를 시작한다. 차꽃은 9월에서 11월 사이 주로 피지만 늦게는 1월 매서운 추위와 찬바람을 견디며 피는 것도 있다. 색은 주로 흰색이 많고 연한 분홍색을 띠는 것도 있다. 꽃 지름은 3~5cm이며 꽃잎 5장 꽃받침 5개의 홑꽃 형태로 피는데 품종에 따라 6~8장인 것도 있다. 꽃술은 노란색으로 매우 풍성하다. 향기가 좋고 진하다.

차나무 열매는 10월이 되면 점차 익어 껍질이 벌어지는데 안에 1~5개 정도 갈색 씨가 들어있다. 들어있는 씨가 하나면 전체적으로 둥근 구형이지만 여러 개가 있는 것은 납작하게 눌린 편원偏圓형이 된다. 일반적으로 식물은 꽃이 피면 같은 해에 씨앗이나 열매가 익는 데 반해 차나무는 꽃이 피면 1년 뒤인 이듬해 가을에 열매가 익는다. 꽃이 핀 뒤 열매가 완전히 익기까지 꼬박 1년이 걸리는 것이다. 이렇게 그해 핀 꽃과 작년에 열린 열매가 함께 만난다 하여 실화상봉수實花相逢樹라고 한다. 1년 전 핀 꽃이 열매가 되어 1년 후 핀 꽃을 맞는 것이 후손을 다정하게 맞이한다는 상징성을 나타내기 때문에 차나무를 화목和睦나무라고도 한다.

• 뿌리 깊은 나무

차나무 잎은 일반적으로 단단하고 도톰하며 색은 녹색으로 품종에 따라 잎 색깔의 진하고 엷음에 차이가 있다. 앞면은 햇빛을 받아 광택과 주름이 있고 뒷면에는 광택이 없다. 어린잎이나 싹일 경우 가늘고 부드러운 털이 있다. 잎 모양은 타원형으로 처음과 끝이 약간 뾰족하고 가장자리는 작은 톱니 모양이다.

　차나무 뿌리는 직근성直根性으로 토양의 심토층을 거쳐 암반층을 향해 4~5m 이상 곧게 내려가는 성질이 있어 옮겨 심으면 제대로 자라지 못한다. 명나라 허차서許次抒가 쓴《다소茶疏》에서 '차나무는 본래 옮기지 못하니 반드시 종자로 심어야 살고 옛사람이 혼인이 결정되면 반드시 차로써 예를 삼았다茶不移本. 植必子生. 古人結婚, 必以茶為禮.'라고 하였다. 우리 선조들도 딸을 시집보낼 때 차씨를 예물로 보내고 혼례를 마친 후 준비한 차와 다식으로 시댁 사당에 차례茶禮를 올리게 했다. 이것은 차나무 뿌리가 깊고 곧게 뻗어나가는 것처럼 그 집에서 뿌리를 내려 가문을 번창시키고 나아가 차나무 사철 푸른 잎과 같이 언제나 변함없는 마음을 간직하라는 의미를 담았다.

• 가장 오래된 차나무

차나무 기원에 관해서는 중국이 유일한 원산지라는 '중국 기원설'과 1824년 인도 아삼Assam 주의 사디야Sadiya에서 잎이 큰 야생 인도 대엽종이 발견됨에 따라 인도가 원산지라는 '인도 기원설'이 제기되어 논쟁이 있었다. 하지만, 최근 국제적으로 공식 인정을 받은 '최고령 차나무'가 중국 운남雲南성의 린창臨滄시 봉경鳳慶현 향죽청香竹菁에서 발견되면서 논쟁은 잦아들었다. 이 가장 오래된 차나무는 해발 2,245m에 있으며 수령이 3,200년이 넘었다 한다. 그 뒤로 2,000~3,000만 년 전으로 추정되는 차나무 화석까지 연이어 발견되어 운남성 린창시가 원산지로 다시 확인되었는데 마침내 2억 5000만 년 전 것으로 추정되는 찻잎 화석까지 발견되며 차의 원산지 논란은 종지부를 찍었다.

재배 환경과 차의 향미

같은 품종의 차나무라 할지라도 자라는 환경에 따라 달라지는 갖가지 차이점은 완성된 차품질에 여러 영향을 미친다. 차나무에 좋은 환경은 보통 평균기후가 서늘하고 낮과 밤의 일교차가 크며 해안가나 하천, 호수 주변으로 습도가 높은 지역이다. 약산성 토질에 경사지나 구릉지라면 더더욱 좋은 조건이 되어 이런 곳에서 생산된 찻잎으로 차를 만들면 맛과 향이 뛰어난 품질 좋은 차를 만들 수 있다.

• 자라기 좋은 기온

차나무를 재배하기에 가장 좋은 연평균 기온은 13~16℃이다. 영상

40℃가 넘어 가면 화상같은 상해를 입는 고온장해高溫障害, 영하 10℃ 이하 한파가 지속되면 찻잎이 어는 동해凍害를 입는다. 품종에 따라 차이가 있을 수 있지만 뿌리의 수분 흡수 능력이 떨어져 잎과 가지가 말라 죽는 청고青枯현상과 잎이 붉게 말라 죽는 적고赤枯현상이 발생하는 것이다. 우리나라는 온대지역으로 고온장해보다는 동해를 입기 쉬워 2011년 차나무 재배 지역에 영하 10℃ 이하 기습 한파로 50% 이상의 차밭이 피해를 입었다. 이런 피해를 막기 위해서는 바람을 막을 수 있는 방풍림을 차밭 주변에 조성하거나, 위쪽 따뜻한 공기와 토양 겉흙의 찬 공기를 순환시키는 팬을 설치해 준다. 또한 왕겨와 톱밥, 볏짚 등으로 흙표면을 덮어 마르지 않게 하면 동해를 막는 데 도움이 된다.

• 적절한 강우량

차나무를 재배하기 위해서는 연평균 강우량 최소 1,300mm 이상이 바람직하다. 그해 첫차가 나오는 3~4월에 강우량이 적으면 새싹이 늦어져 수확량이 현저하게 줄어든다. 7~9월 초는 수분 증발이 많을 때이므로 이 시기 강우량이 많아야 차나무 생육에 좋다.

• 해 보는 시간, 일조량

차나무가 햇빛을 받는 시간은 찻잎의 엽록소, 아미노산, 섬유질 등에 영향을 준다. 보통 하루 평균 5시간 이상이 필요하지만 홍차는 시간이 길수록 좋고, 녹차는 일조량이 너무 많으면 쓰고 떫은맛이 강해지므로 해가림 나무를 심거나 햇빛을 가리는 차광막을 설치하여 일조량을 조절기도 한다.

• 기르는 흙, 토양

대부분 작물이 중성토양에서 생육이 잘 되는 반면 차나무가 잘 자랄 수 있는 토양은 약산성pH 4.5~5.5토양이다. 재배흙의 구성을 보면 입자가 치밀한 점토일 경우 물 빠짐이 나빠 뿌리를 상하게 하기 쉽고 석회질 토양이라면 석회성분이 차맛에 영향을 주게 된다. 따라서 겉흙이 깊고 토양의 유기물이 충분하며, 하층에 자갈이 깔려 물 빠짐이 잘 되면서도 물을 간직하는 힘인 보수성이 좋은 산중턱 경사지가 적당하다. 차나무 뿌리는 6m 이상 깊이까지 뻗을 수 있으므로 뿌리가 쉽게 뻗을 수 있는 흙의 두께가 8~12m로 깊으면 좋다.

육우는 《다경茶經》에서 "상품의 차는 자갈밭에서 나며 중품의 차는 사질양토에서 나며 하품의 차는 황토에서 난다."고 하였다.

⚘ 중국종과 인도종

차나무 품종은 크게 온대지방에서 주로 재배되는 '중국종'과 열대지방에서 재배되는 '인도종'으로 나뉜다. 중국종은 'Camellia sinensis var. Sinensis', 인도종은 'Camellia sinensis var. assamica'로 표기한다. 즉, 중국종과 인도종은 같은 차나무지만 환경에 의해 서로 다른 특징을 가진 차나무로 자생한다는 것이다.

중국종은 인도종보다 넓게 분포되어 있으며 잎 크기가 4~5cm 정도로 작은 편으로 단단하고 도톰하면서 짙은 녹색을 띤다. 대부분 관목형 나무로 2~3m까지 자란다. 가뭄과 추위에 비교적 강하며 질병이나 해충에 의한 피해도 적은 편이어서 해발고도가 높은 고산지대에서도 재배가 가능하다. 중국 동남부와 한국, 일본, 대만, 러시아 등에 분포되어 있다. 중국 일부 지역에서는 인도 대엽종보다 큰 차나무 잎도 있는데 중국종의 하위 변종으로 분류한다.

인도종은 영국 로버트 브루스 소령이 19세기 초 인도 아삼 지방에서 발견한 자생종으로 야생에서 10~20m까지 자라는 교목형 나무이다. 중국종에 비해 찻잎이 매우 커서 다 자란 잎은 길이가 20~30cm에 이른다. 두께는 중국종에 비해 얇고 부드러우며 잎의 색도 중국종보다 옅다. 특히 열대성 기후에 잘 견디기 때문에 강우량이 풍부한 지역이나 평원에서 많이 재배되고 있다. 그러나 중국종보다 내성이 약해 가뭄이나 추위에 잘 견디지 못하고, 해충이나 질병에도 피해가 큰 편이다. 주로 인도, 아프리카, 스리랑카, 인도네시아, 아르헨티나 등에서 광범위하게 재배되고 있으며, 대만의 일부 지역에서도 재배되고 있다.

2. 차를 즐기는 나라와 사람들

몇 년 전부터 편안함과 행복을 추구하는 '웰빙Well-being'을 넘어 몸과 마음의 회복을 뜻하는 '힐링Healing'이 대세가 되었다. 바쁜 현대인들은 일상 속에서 쌓인 피로와 스트레스를 잠시나마 잠재울 수 있는 휴식과 치유의 시간을 갖길 원하는 것이다. 이런 분위기 속에서 마음의 여유와 안정을 갖게 하고, 취향에 따라 다양하게 즐길 수 있는 차茶도 세계적으로 인기를 끌고 있다. 특히, 전염병, 미세먼지, 기후변화 등으로 면역과 건강에 대한 관심이 더해져 전 세계 차 시장은 꾸준히 성장할 것으로 예상되고 있다.

세계와 함께 즐기는 차

19세기 초까지 차의 주요 재배 및 생산국은 중국, 일본, 인도, 스리랑카, 대만 등 아시아 국가로 한정되어 있었다. 하지만, 전 세계적으로 증가한 차 수요를 충당하기 위해 현재는 우리나라 뿐 아니라 튀르키예, 베트남, 아프리카, 인도네시아, 아르헨티나, 네팔, 이란, 러시아에서도 차를 재배하고 있으며, 호주와 뉴질랜드에서도 소규모지만 생산이 이루어져 차 생산국은 40여 개국에 달한다.

• 차의 본고장, 중국

중국은 차의 본고장이라고 할 만큼 세계에서 차를 가장 많이 생산하고 소비하는 나라이다. 현재, 녹차, 백차, 청차, 황차, 홍차, 흑차 등 6대 다류를 모두 생산하는 유일한 국가이며 그 중 흑차는 독점적으로 생산, 수출하고 있다.

중국인들은 깨끗한 물이 귀하고 고비사막에서 날아오는 먼지가 많은 풍토로 인해 오래전부터 차를 생활에 필요한 필수품으로 여기며 자연스럽게 마셔왔다. 현재도 지역마다 다양한 차문화가 발달되어 있는데 사람들은 찻잎이 들어있는 차병茶瓶을 가지고 다니며 마시는 것을 선호한다. 중국은 곳곳에 뜨거운 물이 나오는 식수대가 있어 언제 어디서나 간편하게 차를 마실 수 있다.

중국차 중 흑차 종류인 보이차普洱茶가 잘 알려져 있지만 중국인들은 녹차를 더 즐겨 마신다. 중국 내 녹차 생산량은 2020년 기준 65%를 넘

어서며 생산량과 소비량 1위를 차지하고 있다. 안길백차, 서호용정, 황산모봉, 벽라춘 등이 있다.

• 녹차 향 가득한 일본

일본에 처음으로 차가 전파된 시기는 8세기경으로 추정된다. 당나라에서 유학했던 승려들을 통하여 유입되었으나 크게 발전하지 못하다가 12세기에 이르러 승려와 왕족을 중심으로 차를 즐겨 마시기 시작했다. 이후 무사 계층인 사무라이들에게 차가 확산 되었고, 17세기에 이르자 대중에게까지 전파되었다.

일본은 차를 수행예술로 승화시킨 엄격한 차의례 '차노유茶の湯'와 현대에 맞게 변화된 차문화가 함께 공존하고 있다. 차노유란 차를 준비하는 각 단계마다 정교한 동작과 함께 정성으로 손님을 모시는 차의례를 말한다. 대중적인 차는 녹차로 센차煎茶, 반차番茶, 겐마이차玄米茶, 교쿠로차玉露茶, 호지차焙じ茶, 맛차抹茶 등 다양하다.

• 홍차의 나라, 영국의 차문화

영국에 차가 유입된 시기는 1657년경으로 런던에 있는 개러웨이 커피하우스Garaway's Coffe House에서 처음으로 차를 판매하기 시작했다. 하지만 차 수입이 원활하지 않고 매우 비쌌기 때문에 확산되지 못하고 있다가 1662년 포르투갈 캐서린 브라간자Catherine of Braganza 공주가 영국의 찰스 2세와 결혼하면서부터 본격적으로 시작되었다. 캐서린 공주가 갖고 온 차는 왕실과 귀족들 사이에서 유행하기 시작하여, 18세기 중반 산업혁명을 거치면서 서민층이 차를 즐기게 되자 홍차는 영국 문화로 자리 잡게 되었다.

영국의 대표적 티타임인 애프터눈 티Afternoon Tea는 1840년경 안나 마리아Anna Maria 공작부인으로부터 시작되었다. 공작부인은 오후 4시 전후 무렵 허기를 달래기 위해 홍차 한 잔에 샌드위치나 구운 과자를 곁들여 친구들을 초대해 즐겼다고 한다. 이것이 애프터눈 티의 기원이 되었고, 이후 빅토리아 여왕이 궁전에서 '애프터눈 티 파티'를 개최하면서 일반 귀족들의 사교모임으로 발전하게 되었다. 1860년 무렵부터 식민지였던 인도와 스리랑카에서 홍차를 본격적으로 생산하고 수입하게 되면서 홍차 가격도 많이 낮아지게 되어 부유층 문화였던 애프터눈 티 문화가 일반 서민층까지 전파되는 계기가 되었다. 애프터눈 티타임 외에도 영국인들은 하루에도 여러 번의 티타임을 각각 이름까지 정해 놓고 차를 즐긴다.

• 티 로드의 경유지 튀르키예

튀르키예는 지정학적으로 동서양의 중요 길목인 만큼 비단과 차의 중요 경유지였다. 튀르키예에 차가 전해진 시기는 16세기이지만 19세기에 이르러 큰 인기를 끌었다. 당시 인기 음료는 커피였는데, 차의 효능에 관한 책 《차이 리살레사Çay Risalesi》가 출간되고 커피보다 상대적으로 가격이 저렴한 이유가 더해져서 차의 인지도가 점차 높아졌다. 또한, 전국 곳곳에 차를 마실 수 있는 사회적 모임의 장소인 티 하우스나 티 가든이 들어서며 이곳을 중심으로 차 소비량도 매우 높아지게 되었다. 현재 튀르키예의 1인당 연간 차 소비량은 세계 1위이며, 생산량도 5위에 이른다. 튀르키예의 차 생산량 대부분을 국내에서 소비하고 일부는 해외로 수출되기도 한다.

튀르키예에서는 홍차를 주로 마신다. 보통 튤립 모양의 유리잔에 차

를 마시는데 진하게 우려낸 차를 잔에 따르고 이어서 뜨거운 물을 부어 희석해 마신다. 취향에 따라 각설탕 두어 개를 넣어 마시기도 한다.

• 홍차 수출 세계 1위 케냐

케냐의 차 재배는 영국 식민통치기간1895~1963인 1904년 영국인 농장주가 북인도에서 들여온 묘목을 심은 것이 계기가 되었다. 국가의 적극적인 지원 하에 최근 50년간 급속한 성장을 이루어 전 세계 홍차 수출 1위 국가에 등극했다. 케냐는 커피 생산국으로 유명하지만 외화소득공신 1순위는 홍차이다. 열대 기후와 화산지대 토양, 풍부한 강우량 등 차나무를 재배하는 데 매우 이상적인 조건을 갖추고 있다. 케냐에서 생산되는 차는 수색과 향이 진하고, 풍부한 바디감이 특징으로 대부분 CTC 홍차를 생산하며, 오서독스 방식을 통한 고품질의 홍차도 생산하고 있다. 홍차 외에 백차, 녹차도 생산량을 점차 늘리고 있는 중이다.

케냐의 차문화는 영국인들의 차 마시는 습관과 인도로부터 들여온 우유와 설탕, 향신료 등을 첨가한 인도식 밀크티가 융합되어 확산되었다. 케냐에서는 영국과 비슷하게 종일 자주 티타임을 갖는데 특히, 오전 10시의 티타임을 중요하게 생각한다. 일과 학업을 잠시 멈추고 일제히 '케냐티'로 불리는 밀크티를 즐겨 마시며 함께 간단한 빵이나 과자, 과일 등을 곁들여서 요기를 하기도 한다.

• 사모바르와 러시아 차문화

러시아는 차를 많이 마시는 나라 중 하나로 매년 차 수입량과 소비량이 세계 상위를 차지하고 있다. 러시아 차 역사의 시작은 지리적으로 가까웠던 중국을 통해 1640년경 전해졌는데 17세기 후반에 대중적인 음료로 자리 잡게 되었다. 일반적으로 러시아인은 차를 진하게 우린 후 원하는 농도로 물을 넣어 희석해서 마신다. 설탕이나 잼, 벌꿀, 레몬 등을 곁들여 달게 마시는 것을 선호한다.

러시아 차문화의 상징은 물 끓이는 주전자인 '사모바르Samovar'이다. 전통적인 사모바르는 몸통을 구리로 만들고 그 내부는 화로와 연통으로 되어 있다. 주로 장작, 숯, 솔방울 등을 연료로 사용했지만 최근에는 전기를 사용하는 것으로 현대화되었다. 긴 겨울을 보내는 러시아인

들은 따뜻한 사모바르를 중심을 모여 차를 마시며 이야기를 나누었다. 사모바르는 단순히 물을 끓이는 주전자 이상의 의미를 갖고 있다. 러시아 차문화의 중심이자 대화와 사교의 윤활유 역할을 하였다.

• 세계 3대 홍차 생산지, 인도와 스리랑카

영국은 아편전쟁을 계기로 중국과 차무역이 어려워지자, 식민지인 인도와 스리랑카에 19세기경 대규모 차 농장을 설립하였다. 그리

고 중국에서 수작업으로 하는 공정을 대체할 'CTC 공법'을 개발, 대량 생산의 기틀을 마련하였다. 현재 인도와 스리랑카는 홍차의 최대 생산국이자 소비국으로 대규모 다원들이 조성되어 있다. 인도의 '다즐링 Darjeeling', 스리랑카의 '우바Uva' 지역은 중국의 '기문祁門'과 함께 세계 3대 홍차 산지로 불린다. 인도와 스리랑카는 대부분 홍차를 생산 하지만 현재는 백차, 녹차, 그리고 소량의 우롱차도 생산한다.

차문화가 없었던 인도와 스리랑카인들은 1930년대 초 영국인들에 의해서 처음으로 차를 마시기 시작했다. 특히, 인도인들의 국민 음료인 짜이chai는 진한 홍차에 계피, 정향, 카다멈 등 향신료와 설탕, 우유를 넣고 끓여서 만든다. 음용 초기 비싼 음료였던 홍차를 양도 늘리고 자신들의 입맛에 맞게 향신료를 가미하여 만들었던 것이다. 인도 전통 음료로 자리 잡은 짜이는 독특한 향신료와 강하고 진한 맛이 특징이다.

🌿 우리나라 차 산업의 흐름

일상에서 예사롭게 일어나는 일을 '차 마시고 밥 먹는 듯하다'고 표현한 일상다반사日常茶飯事라는 말이 있을 정도로 차는 오래전부터 우리 일상에 자리 잡은 문화였다. 하지만 현재 대한민국은 '커피공화국'이라는 별칭으로 불릴 만큼 차보다 커피를 더 많이 마시는 나라이다. 관세청이 공개한 자료를 살펴보면 2022년 우리나라의 커피 수입액은 13억 달러로 20년 전인 2002년 수입액보다 16.7배로 늘어났다. 이에 반해 농림축산식품부에 따르면 우리나라 국민 1인당 차소비량은 2020년 기준 95g으로 일본 840g, 중국 1,310g보다 현저히 적다.

국내 차 재배 면적은 2020년 2,704ha로 2011년의 3,306ha와 비교해 18.2% 감소하였으며 재배 농가도 같은 기간 3,600가구에서 2,473가구로 31.3%나 줄었다. 반면 연간 생산량은 2,110톤에서 4,061톤으로 두 배 가량 증가하였는데 이는 국내 차농가의 생산성이 집약적으로 증가했음을 알 수 있다. 현재 소득수준의 향상과 몸과 마음의 건강에 대한 관심이 증가하며 차에 대한 수요가 몇 년간 증가하고 앞으로도 증가할 것으로 예상하지만, 차 소비가 국내 농가의 수입으로 연결되지는 않았다. 차 수입량이 증가했기 때문이다. 차 수입량은 2011년 652톤에서 2020년 1,373톤으로 2배, 수입액은 593만 달러 수준에서 약 2,100만 달러로 3배 이상 증가했다.

이에 2019년 농림축산식품부는 우리 차 소비저변 확충을 위해 '차茶 산업 중장기 발전방안'을 발표하였다. 차 품질 차별화 및 차문화 확산을 통해 국내 소비기반을 조성하는 동시에 2018년 600만 달러 수준인 차 수출액을 2022년까지 1,000만 달러로 늘리는 것을 목표로 하고 있다. 농촌진흥청도 선조들의 제다 기술을 계승하고 테아닌 및 카테킨 함량 등이 높은 품종을 개발하며 한국 차의 독창적 기술을 개발하고 발굴해 나갈 계획임을 밝혔다.

차의 다양한 변신

오랜 역사를 가진 우리나라 차문화의 맥을 이어가는 동시에, 늘어난 소비자들의 요구인 건강과 휴식, 편리함에 대한 기대에 부흥하고자 차 시장은 다양한 변신을 시도하고 있다.

• 티 베리에이션Tea Variation

티 베리에이션은 차를 주재료로 하여 과일청, 우유, 향신료 등 부재료를 혼합하여 만든 것이다. 차가 가진 고유의 풍미를 그대로 살리는 것은 물론 과일, 우유 등 친숙한 재료를 사용해 거부감을 없앤 것이 특징이다. 홍차를 베이스로 자몽과 꿀을 배합하여 만들기도 하고, 녹차에 레몬즙과 탄산수를 넣어 만들기도 한다. 밀크 티도 잘 알려진 티 베리에이션 중 하나이다. 건강을 추구하는 트렌드와 새로운 것을 찾는 고객의 요구로 높은 인기를 끌고 있다.

• 티 블렌딩Tea Blending

티 블렌딩은 여러 재료를 섞어 만들어낸 차를 말한다. 맛과 향이 서로 다른 잎차를 섞기도 하고, 잎차에 말린 과일이나 꽃잎, 허브, 향신료 등을 넣기도 한다. 산뜻한 녹차와 부드러운 청차, 향긋한 청포도 향을 넣어 블렌딩할 수도 있고, 홍차에 장미꽃잎과 달콤한 말린 열대 과일을 블렌딩할 수 있다.

• **액상차**RTD

RTD는 Ready to Drink의 줄임말로 바로 마실 수 있는 음료를 말한다. 어디서나 쉽게 구할 수 있으며 페트병이나 캔 등에 담겨있는 완제품이기 때문에 뚜껑만 열어 바로 마실 수 있다는 장점이 있다.

• **티 칵테일**Tea Cocktail

차를 우려내 과일, 허브, 감미료, 술 등을 혼합하여 만든 것으로, 알코올 도수가 높은 칵테일부터 알코올이 전혀 들어가지 않은 무알코올 Non-Alcohol 칵테일까지 다양하게 판매되고 있다. 최근 차를 즐기는 젊은 층에게 티 칵테일은 색다르고 즐거운 경험을 주는 이미지로 다양하게 변신하고 있다.

• **티 코스**Tea Course

서양의 코스요리처럼 1~2시간 동안 다양한 차를 순서대로 제공한다. 차 전문가가 소수 인원을 대상으로 차와 함께 간단한 식사나 티 푸드를 제공하고 계절마다 다른 컨셉의 티 코스를 선보여 2030세대에게 인기를 끌고 있다.

• **냉침차**冷沈茶

차가운 물에 차를 8시간 이상 천천히 우려내는 것을 말한다. 차 특유의 쓰고 떫은맛이 줄어들어 자연스러운 단맛은 높이고 카페인의 함량을 줄여 즐길 수 있는 장점이 있다. 냉침을 위한 차도구나 냉침용 물병이 판매되고 있다.

3. 과학으로 보는 차

차를 처음 발견한 4,700년 전에는 의약으로 간주하여 약리적 효능에 관심이 집중되었다. 중국 최초의 약물학 서적인 《신농본초경神農本草經》에도 '차는 마음을 평안히 하고, 기운을 돋우며, 몸이 가벼워지고 노화를 막아준다'고 하며 차의 약리적 효능을 언급하였다.

이후 점차 기호음료로 변화하면서 음용되었지만 지금도 차는 건강음료라는 인식이 강하다. 과학이 발달하면서 차의 효능이 전문적인 연구와 임상실험을 통해 속속 입증되고 있다. 이러한 차의 효능은 차가 가진 다양한 성분들에 의한 것인데, 찻잎을 따는 시기와 제다과정, 보관상태, 우려내는 방법 등에 따라 성분함량이 달라지기도 한다.

성분과 효능

찻잎의 성분은 약 40%가 물에 녹는 수용성 성분이고, 60%는 물에 녹지 않는 지용성 성분으로 구별된다. 수용성 성분은 차의 맛과 향에 영향을 주는 것으로 대표적인 성분은 카테킨, 테아닌, 카페인, 수용성 비타민류, 당류, 미네랄, 사포닌 등 이다. 찻잎의 지용성 성분은 비타민E, 베타카로틴, 엽록소, 단백질, 식이섬유 등의 성분이다. 이 중 차의 3대 성분으로 불리는 카테킨, 테아닌, 카페인은 그 효능이 뛰어나 가장 주목받고 있는 성분이다.

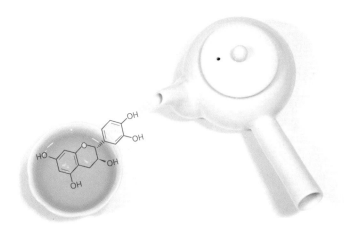

• 활성산소를 제거하는 카테킨Catechin

카테킨은 폴리페놀의 일종으로 우리 몸 속 활성산소를 제거해 노화와 질병을 예방하는 항산화 효과가 있는 것으로 알려져 있다. 쓰고 떫은맛을 내는 폴리페놀은 식물이 자외선으로부터 자신을 보호하기 위해 스스로 만들어낸 것으로 거의 모든 식물에 함유되어 있지만, 차의 카테킨이 폴리페놀 중에서도 가장 강력한 항산화 성분을 가지고 있다고 알려져 있다. 카테킨의 약리작용은 이 외에도 콜레스테롤의 수치 감소, 심장질환 예방, 지방분해 촉진, 중금속 제거, 충치 예방, 악취제거, 항균 작용, 미백 등에 효과가 있어 다양한 분야에 활발히 활용되고 있다. 특히 녹차는 카테킨을 가장 많이 함유하고 있는데 이러한 효능으로 미국 시사주간지 타임Time지가 선정한 '세계 10대 건강식품'에 선정된 바 있다.

• **안정감을 주는 테아닌**Theanine

테아닌은 감칠맛을 내게 하는 아미노산 성분 중 하나로 식물 중에서도 단연 차나무에서 많이 발견되는 성분이다. 차나무가 햇빛을 받으면 테아닌이 폴리페놀인 카테킨을 생성하기 때문에 감칠맛을 선호하는 소비자를 위해서 테아닌의 함량을 높이기 위해 찻잎을 수확하기 2~3주 전부터 햇빛을 차단하여 생산하기도 한다.

테아닌은 스트레스를 줄이고 수면의 질을 향상 시키며, 암기력 및 집중력 강화에 도움을 준다고 알려져 있다. 특히, 뇌의 알파파를 늘리면서 베타파는 줄이는 역할을 하는데 알파파는 긴장을 완화하고 집중력을 향상시키며, 베타파는 불안, 초조함을 일으키는 것과 연관이 있다. 커피와 마찬가지로 차에도 카페인이 있지만 차를 마시면 긴장이 완화되고 편안한 기분이 드는 것은 테아닌이라는 천연진정제가 카페인의 효과를 조절하는 역할을 하기 때문이다.

• **피로회복에 효과적인 카페인**Caffeine

카페인은 초콜릿, 과자, 아이스크림, 에너지드링크 등 식품과 의약품에 걸쳐 광범위하게 사용되고 있는 성분이다. 적당량 섭취하면 피로 회복, 노폐물 배출, 정신활동 향상 등 긍정적인 효과가 있지만, 과도하게 섭취하면 불면증, 신경과민, 위산 과다 등 부정적 효과를 가져 올 수 있다. 이런 카페인 민감도는 개인에 따라 다르다고 할 수 있는데 식품의약품안전처에서 권고한 카페인 1일 섭취량은 성인의 경우 400mg 이하, 임산부는 300mg 이하, 어린이와 청소년은 1kg당 2.5mg 이하로 50kg의 청소년의 경우 1일 섭취량은 125mg이다.

차와 커피는 화학구조가 일치하는 동일한 성분의 카페인을 함유하고 있지만 카페인 양과 흡수율은 차이가 있다. 홍차와 아메리카노 커피를 같은 크기 잔에 담아 비교했을 때 홍차가 40%~50% 적다. 커피업계 1위 S사에서 공개한 커피와 차의 카페인을 비교해보면 커피인 '카페 아메리카노'의 카페인은 150mg이고, 홍차인 '잉글리시 블랙퍼스트 티'의 카페인은 70mg이다. 제조사나 품종, 채엽 시기에 따라 카페인 양의 차이는 있을 수 있지만, 중요한 것은 같은 양의 차에는 커피보다 적은 양의 카페인이 들어있으며, 커피에는 없고 차에만 있는 테아닌 성분이 신체가 흡수하는 카페인의 양을 줄여 준다는 것이다. 따라서 차는 각성효과를 주는 카페인과 안정감을 주는 테아닌 성분이 함께 작용하여 몸에 좋은 긴장과 여유를 얻는 효과를 기대할 수 있다.

이 외 차에는 감기 예방 효과가 있는 비타민류, 진정 효과가 있는 사포닌, 신진대사를 원활하게 하는 미네랄, 충치 예방에 효과가 있는 불소, 부드러운 맛을 더해주는 복합다당류 등이 함유되어 있다.

🌿 차에 관한 오해와 진실

• 차 카페인을 줄이는 방법이 있다?

카페인은 장시간 우렸을 때 많이 추출되는데 물 온도가 높을수록 더잘 추출된다. 하지만 차를 우리는 동안 계속 카페인이 추출되는 것이 아니라 초기에 가장 많이 추출되며 뒤로 갈수록 적어진다. 따라서 처음 5~10초 이내로 짧게 우려서 버리고 그 다음 우린 차부터 마시면 카페인 양을 어느 정도 줄일 수 있다. 또한 낮은 온도에서 차를 우리면 카페인을 줄일 수 있는데 끓인 물의 온도를 낮추어 연하게 우려 마시는 것도 도움이 된다. 카페인 함량은 어린 싹일수록 많이 함유되어 있고, 대엽종 찻잎이 소엽종보다 높다.

• 다이어트는 차?

차는 0칼로리이기에 당연히 다이어트에 도움이 된다. 뿐만 아니라 다이어트에 도움이 되는 성분이 여럿 있는데 카테킨, 갈산, 탄닌, 카페인 등이 그것이다.

첫째, '카테킨'이 체지방 연소를 증가시킨다. 또 운동으로 발생한 체내 유해 활성산소를 줄이는 데 효과가 있기 때문에 운동할 때 차를 마시면 더욱 도움이 된다.

둘째, 보이차에 함유된 '갈산'은 지방을 체외로 배출해 주는 효능이 있다. 이 같은 효과를 얻기 위해서는 35g의 갈산을 섭취해야 하는데 한 잔에 담긴 양은 2mg이 채 되지 않는다. 그래서 대안으로 나온 것이 갈산 추출물이다. 보이차 가루, 보이차 추출물 등으로 판매되고 있는데 건강에 무해하다는 검증이 이루어져야 한다.

셋째, 식욕을 억제하고 지방 축적을 억제하는 '탄닌'이다. 하지만 일정량 이상 섭취할 경우 철분 흡수를 방해하기 때문에 성장기 어린이나 임산부, 빈혈이 있는 사람은 주의해야 한다.

이와 같이 차에는 다이어트에 도움을 주는 성분이 포함되어 있지만 과도하게 섭취할 경우 부작용도 있으므로 주의가 필요하다.

• 수분 보충을 위해 물 대신 차를 마신다?

세계보건기구 WHO에서 권장하는 성인 1일 물 섭취량은 1.5~2L이다. 맹물을 마시기 힘들어 하는 사람들이 있지만 물 대신 차를 마시는

것은 적절하지 않다. 차에 있는 카페인은 이뇨작용을 도와주기 때문에 물 대용으로 과도하게 마시기엔 무리가 있다. 특히 약을 먹을 때 물 대신 마시는 경우 차 성분이 약 성분에 영향을 미쳐 약효를 떨어뜨리거나 흡수를 방해하므로 삼가는 것이 좋다. 신경안정제, 수면제, 두통약, 감기약 등은 특히 주의해야 한다.

• 티백차는 맛없다?

티백은 번거로운 차도구 없이 물과 찻잔만 있으면 언제든지 차를 즐길 수 있으며 마무리도 간편하여 현대생활에서 인기를 얻고 있다. 과거 티백은 싸고 품질이 떨어지는 찻잎으로 만든다는 선입견이 있었지만 현재는 다양한 브랜드에서 품질 좋은 찻잎으로 고급형 티백이 출시되고 있는 추세이다. 재질도 고급화되어 가고 있는데 종이 외에 나일

론이나 고급 실크, 면모슬린 등이 있다. 또 차가 잘 우러날 수 있도록 공간이 넓은 피라미드형, 복주머니형, 사각형 등 다양한 모양의 티백도 출시되었다.

• 녹차보다 말차에 차 성분이 더 많다?

찻잎을 갈아서 분말 상태로 만든 말차는 선명한 녹색을 유지하고 떫은맛을 줄이기 위해 수확 2~3주 전부터 햇빛을 차단하는 차광재배법으로 재배한다. 시중에 판매되는 식품용 가루녹차는 차광재배하지 않은 것으로 입자가 거칠고 색과 맛에서 차이가 난다. 말차는 찻잎 전체를 모두 마시기 때문에 녹차를 물에 우려서 마실 때보다 비타민, 엽록소, 섬유질 등을 그대로 섭취할 수 있어 유용한 성분이 풍부하다. 하지만 함께 많은 양의 카페인도 섭취하게 되므로 카페인에 민감한 사람이라면 양을 조절하고 숙면을 위해 취침 전에는 피하는 것이 좋다.

끝까지 맛있는 차 보관법

차는 일단 구입하면 상당기간 마시게 되므로 보관에 특히 유의하여야
한다. 유통기한이 지나도 크게 변질되는 것은 아니지만 보관을 잘못하
면 품질이 떨어질 수 있다. 특히 비산화차인 녹차나 과일조각, 꽃잎 등
부재료가 섞인 블렌딩 차는 상미기간이 짧아 개봉 후 1년 안에 소비하
는 것이 좋다. 차는 어떻게 보관하느냐에 따라서 맛과 향이 달라질 수
있으므로 되도록 습기나 냄새, 햇빛이 닿지 않도록 밀폐하여 건조한
곳에 보관해야 한다.

• 건조하게 꼭꼭 닫아

찻잎은 습기를 빨아들이는 성질이 있어 포장된 차를 개봉한 후에는
그 맛과 향이 변할 수 있다. 많은 양의 차를 구입했다면 뚜껑을 열 때
마다 습기에 노출될 수 있으므로 적당량씩 나누어 방습성이 높은 봉투
나 밀봉용기에 보관해야 한다.

• 빛을 피해서

차는 빛에 지속적으로 노출되면 폴리페놀과 엽록소 등이 산화반응을 일으키며 변질되어 불쾌한 맛을 낼 수 있다. 투명한 유리병이나 비닐은 차를 바래게 만든다. 빛이 투과하지 못하는 불투명한 용기에 담아 어두운 곳에 두는 것이 좋다.

• 냄새 없이

차는 냄새를 빨아들이는 성질이 있기 때문에 화장품, 음식, 담배 등 강한 향 가까이 두면 마시기 힘들만큼 품질이 변하게 된다. 따라서 반드시 잘 밀폐되는 용기에 보관하며 뚜껑을 항상 닫아 냄새가 나지 않는 장소에 보관해야 한다.

• 서늘하게

차는 고온에 영향을 받기 때문에 상온의 서늘한 곳에 두어야 한다. 차를 냉동실에 보관하기도 하는데 냉동된 차를 꺼내면 온도 차이로 찻잎이 눅눅해진다. 따라서 포장을 바로 열기보다는 찻잎의 온도가 실내 온도와 어느 정도 일치하도록 기다린 후에 개봉해야 한다. 냉장보관 역시 다른 음식에 의해 냄새가 흡착될 수 있기 때문에 전용 냉장고가 있지 않는 한 보관법으로 권장하지는 않는다.

04

한 잔의 차가
되기까지

차는 차나무의 잎을 가공해서 음료로 만든 것이다.

그 종류는 크게 여섯 가지로 나눌 수 있는데,

녹차, 백차, 청차, 황차, 홍차, 흑차 등이다.

우리나라에서도 오래전부터 차를 직접 만들고 마셔왔다.

우리 고유의 차는 어떤 것이 있었고,

어떻게 만들어서 마셔왔는지 알게 된다면

한 잔의 차가 더욱 흥미롭게 느껴질 것이다.

1. 다양하게 분류한 차

차는 차나무 잎을 딴 후 가공 과정을 거쳐 맛과 향이 다른 여러 종류의 차로 만들어진다. 차를 분류하는 방법은 산화·발효 정도, 수확시기, 찻잎의 형태, 제다한 차의 색상 등 그 분류가 다양하다.

산화酸化와 발효醱酵

차는 '산화차'와 '발효차'로 분류할 수 있다. 차 제조과정 중 찻잎에 있는 효소가 산소와 결합하는 작용을 '산화'라 하고, 미생물에 의해 유기물이 분해되는 작용을 '발효'라 한다.

• 산화Oxidation

일상에서 볼 수 있는 산화의 예를 들면 잘라둔 과일 표면이 갈색으로 변하거나, 바나나 표면에 갈색 반점들이 점점 진해지는 것들을 들 수 있다. 이러한 갈변현상은 식품이 공기 중에 산소를 만나서 일으키는 대표적인 '산화'이다.

차에서 말하는 산화란 찻잎 속 폴리페놀이 제조과정 중에 폴리페놀을 산화시키는 특정 효소Polyphenol Oxidase와 결합하여 산소에 의한 화학적 변화를 일으키는 것을 말한다. 항산화제로 잘 알려진 폴리페놀은 찻잎에 상당량 존재하는데 잎을 따는 순간부터 산화효소의 작용이 시작되어 서서히 산화가 진행된다. 제조과정에서 이 폴리페놀을 어떻게 통제 하느냐에 따라 어떠한 차가 되는지 결정이 되는 것이다.

대다수 차들은 이 과정에서 테아플라빈Theaflavin, 테아루비긴Thearu-bigin, 테아브로닌Theabrownin이라고 하는 새로운 물질이 생겨나게 된다. 같은 찻잎으로 만들어지지만 완성된 차와 차탕이 녹색에서 홍색 흑색까지 나타나는 것은 이 물질들로 인해 색이 점점 진해지기 때문이다. 즉, 효소에 의한 산화작용이 오래 많이 진행될수록 녹색 찻잎이 노란색이나 갈색으로 점점 변하게 되는데 이것은 테아플라빈은 노란색, 테아루비긴은 붉은색, 테아브로닌은 갈색을 띄는 물질이기 때문이다. 또 이 물질들은 맛과 품질에 상당히 많은 영향을 끼치는데 '비산화차'인 녹차는 초기에 열로 산화작용을 억제하므로 해당되지 않는다.

• **발효**Fermentation

차에서 말하는 발효는 전통 식품의 발효와는 차이가 있다. 잘 알려진 전통 발효식품인 된장, 고추장, 김치 등의 발효는 산소가 차단된 환경에서 주로 식품 속 미생물에 의해서 식품의 성분이 새롭게 합성되므로 시간이 지나며 그 발효식품만의 독특한 향과 맛이 만들어진다.

하지만 차에서 말하는 발효는 많은 양의 찻잎을 쌓아 자체적인 습열濕熱 작용이 일어나도록 방치하거나 물을 뿌려주며 습기와 온도를 높여 미생물이 활성화하는 것을 말한다. 이 과정이 상당 부분 차의 맛과 품질을 결정한다. 6대 다류 중 흑차가 미생물에 의한 발효과정을 거친 '발효차'라 할 수 있다.

🌿 산화와 발효에 따른 분류

차는 제조과정에서 폴리페놀 산화효소가 어느 정도 통제되었는가를 기준으로 분류한다. 폴리페놀 산화효소와 미생물의 활동량이 많고 적음에 따라 비산화차, 자연산화차, 약산화차, 부분산화차, 강산화차, 미생물발효차로 분류된다.

• 비산화차 녹차綠茶

녹차는 차를 만드는 초기 단계에서 찻잎을 찌거나 고온의 솥에서 덖어내는 과정을 통해 찻잎의 산화효소 활동을 멈추도록 한다. 그 다음 가공과정 중에도 효소에 의한 산화작용이 발생하지 않게 한다. 찻잎은 색이 변하지 않아 수확했을 당시와 비슷한 녹색을 유지한다. 산화반응을 일으키지 않게 하였음에도 불구하고 '불不산화차'가 아닌 '비非산화차'라 표시한 이유는 찻잎은 수확을 하는 순간부터 성분의 변화가 일어나 미미한 정도일지라도 자연적인 산화를 일으킬 수 있기 때문이다. 높은 품질의 녹차를 만들려면 산화효소의 활동을 멈추도록 해야 하므로 되도록 빠른 시간 안에 차를 만들어야 한다.

• 자연산화차 백차白茶

백차는 찻잎을 수확한 후 건조만으로 완성되는 차이다. 녹차처럼 산화를 억제하거나, 홍차처럼 산화를 유도하는 과정은 없지만 단순한 과정을 통해 만드는 만큼 정교한 기술이 요구된다. 특히 찻잎의 수분을 서서히 증발시키는 과정에서 맛과 향이 결정되는데 햇볕과 실내를 번갈아 가며 산화효소에 의한 변화가 적절히 일어나도록 찻잎을 시들린

비산화차 녹차

자연산화차 백차

약산화차 황차

부분산화차 청차

강산화차 홍차

미생물발효차 흑차

뒤 건조에 들어간다. 제조과정 중 습도나 온도, 산소 등을 적절히 차단하지 않으면 찻잎의 산화가 계속 진행될 수 있다. 백차는 최대한 보관에 유의하고 빨리 소비하는 것이 좋다.

• 약산화차 황차黃茶

황차는 민황悶黃 공정을 거쳐서 제조된다. 민황은 찻잎을 습열작용에 의해 약하게 산화되도록 천이나 종이로 싸서 일정시간 놓아두는 것을 말한다. 이러한 과정에서 찻잎은 성분변화가 서서히 일어나 특유의 색과 맛, 향기가 형성된다. 민황에 의해 약산화된 차는 잎과 탕색, 차를 우리고 난 잎이 모두 황색이기 때문에 황차라 부른다.

• 부분산화차 청차靑茶

청차는 비산화차인 녹차와 강산화차인 홍차의 풍미를 함께 지니고 있는데 오룡차烏龍茶 라고도 한다. 청차의 산화도는 적게는 20%, 많게는 70%의 산화작용을 거쳐 제조된다. 원래 청차는 산화차 중에서도 산화도가 높은 차를 말하지만 지금은 산화도가 낮은 포종차, 철관음, 수선 등을 모두 포함해서 청차라 부른다.

• 강산화차 홍차紅茶

홍차는 산화 정도가 거의 100%에 가까운 강산화차다. 동양에서는 차를 우린 빛깔이 붉은색이라 하여 '홍차'라 부르고, 영어권에서는 완성된 찻잎이 검은색을 띤다 하여 '블랙 티Black Tea'라 한다. 살청으로 산화를 억제시킨 녹차와는 반대로 홍차는 살청하지 않고 갈변현상을 유도해 산화가 활발하게 진행되게 한다. 최근에는 부드럽고 섬세한

맛과 향을 즐기기 위해 80% 이하에서 산화작용을 멈추게 하는 경우
도 있다.

• 미생물발효차 흑차黑茶, 숙차熟茶

흑차는 미생물의 관여로 만들어지는 차이다. 살청과 유념 후 찻잎을
쌓아 적절한 습도와 온도를 유지해 미생물을 활성화시켜 만든다. 이러
한 과정에서 찻잎의 색이 윤기가 있는 흑색이나 흑갈색으로 변해서 흑
차라고 부른다. 우리나라에 잘 알려진 보이차는 생차와 숙차로 나뉜
다. 미생물 발효를 촉진시키는 악퇴공정을 거친 보이숙차가 미생물발
효차라 할 수 있다.

산화차? 발효차?

산화차와 발효차라는 용어 문제는 논란거리 중 하나이다. 찻잎의 색이 점차 변화하는 것
을 미생물의 발효과정으로 알고 있었기에 산화차를 발효차로 불러왔다. 하지만 과학적 실
험을 통해 산화Oxidation와 발효Fermention의 용어 정리가 명확해졌다. 이에 학계에서는 미생
물에 의한 발효만 발효차라 하고 다른 차종은 산화차라 해야 한다는 주장이 힘을 얻어 점
차 정리되는 수순을 밟고 있다. 하지만 오랫동안 무역과 공문서에서 발효를 써온 관계로
차제품의 설명서나 식품등록, 세관통과 등 공적문서에서는 아직 산화차가 아닌 발효차로
표기하고 있다.

찻잎을 딴 시기에 따른 분류

차는 찻잎을 따는 시기에 따라 향과 맛과 품질이 다른 차가 된다. 차나무의 가지에서 새로 나오는 싹은 마치 길고 뾰족한 창과 같이 생겼다 하여 '창槍'이라 하고 잎이 펴지기 시작한 것을 깃발 같이 생겼다 하여 '기旗'라고 한다.

찻잎을 수확할 때 창과 기를 함께 채취하며 싹 1개와 펴진 잎 2개를 '1창 2기', 싹 1개와 펴진 잎 3개를 '1창 3기'라고 한다. 창을 '아芽' 또는 '심芯', 기를 '엽葉'으로 표현하기도 한다. 우리나라에서는 보통 채취시기에 따라 녹차의 종류를 구분하고 있는데 2015년에 제정된 〈산업 발전 및 차문화 진흥에 관한 법률〉 중 '차의 품질 등의 표시기준'에서 우전, 곡우, 세작, 중작, 대작으로 구분하였다.

차의 품질 등의 표시기준

- **우전雨前** : 해당 연도 기상조건에 따라 전반적으로 평년에 해당하는 절기상 곡우 이전에 채취한 차나무 잎으로 1심 2엽을 사용한 것.
- **곡우穀雨** : 절기상 곡우 또는 곡우 이후 7일 내에 채취한 차나무 잎으로 1심 2엽을 사용한 것.
- **세작細雀** : 절기상 곡우 이후 8일에서 10일 사이에 채취한 차나무 잎으로 1심 3엽을 사용한 것.
- **중작中雀** : 5월에 채취한 차나무 잎으로 1심 3엽을 사용한 것.
- **대작大雀** : 6월 이후에 채취한 차나무 잎을 사용한 것.

출처 : 농림축산식품부 〈산업 발전 및 차문화 진흥에 관한 법률〉

🌿 모양에 따른 분류

• 잎차

찻잎의 형태를 제조 과정에서 변형시키지 않
고 그대로 보존하도록 만든 차이다. 외형에 따라
참새 혀 모양의 작설형雀舌形, 납작하게 눌린 형
태의 편평형扁平形, 가는 침처럼 생긴 침형針形,
고리 모양의 권곡형卷曲形 등으로 나눈다.

• 가루차

찻잎을 증기로 찐 후 말린 다음 미세하게 갈아
가루 형태로 만든 차이다. 점다點茶하여 찻잎 성
분 전체를 그대로 섭취할 수 있다.

• 떡차

떡 모양으로 만든 차를 말한다. 한자로
떡 병餠 자를 써서 '병차'라고 부르기도
한다. 모양에 따라 원반 모양의 병차, 벽
돌 모양의 전차塼茶, 엽전 모양의 돈차錢
茶, 찻잔 모양의 타차沱茶, 버섯 모양의
긴차緊茶 등 다양하다.

2. 여섯 가지 차 만들기

차는 가공과정에 따라 풍미가 다른 다양한 차를 만들 수 있다. 종류는 크게 여섯 가지로 나눌 수 있는데 , 녹차, 백차, 황차, 청차, 홍차, 흑차이다. 어떤 과정을 거쳐서 이 다양한 차들이 만들어지는지 살펴보자.

푸른빛이 머무는 녹차

녹차는 찻잎을 높은 온도로 달구어진 솥에 덖거나 증기로 찌는 등 고온으로 산화효소를 억제시켜 찻잎의 녹색을 그대로 유지하는 비산화차이다. 찻잎은 따는 순간부터 산화가 일어나기 때문에 최대한 빨리 산화효소의 활동을 억제시키는 것이 중요하다. 이 과정을 '살청殺靑'이라 하는데, 찻잎의 녹색을 그대

덖음 녹차 제다과정

채엽

덖음

유념

건조

로 유지시키기 위해 효소작용을 억제하는 것이다.

살청 후 찻잎을 비비는 '유념揉捻'은 차의 성분이 잘 우러나오도록 찻잎의 세포조직을 파괴하는 단계로 이때 원하는 찻잎 모양이 만들어진다. 멍석이나 무명천에 살청한 찻잎을 놓고 한 방향으로 비벼준 후 덖음과 유념을 여러 번 반복한 다음 건조한다.

잘 만들어진 녹차는 녹색의 맑은 탕색과 신선하고 풋풋한 향이 특징이다.

• 열을 가하는 방법

열을 가하는 방법, 즉 살청 방법에 따라 덖음차와 증제차로 나뉜다. 덖음차는 고온의 솥에서 찻잎을 덖어내는 가공법으로 너무 뜨거운 열을 가하면 찻잎이 타고, 솥 온도가 너무 낮으면 산화효소가 남아 있어 붉은색을 띄게 되므로 솥의 온도와 덖는 시간을 가늠하는 숙련된 기술이 필요하다. 증제차는 찻잎을 수증기로 쪄서 만드는 가공법으로 찻잎을 찌는 과정에서 산화효소가 파괴되어 녹색이 유지되며 찻잎이 부드러워지고 신선하고 진한 녹색을 띤다.

한·중·일 녹차의 종류

● **한국** : 덖음 녹차가 주류이며, 덖음과 유념을 여러 번 반복한 후 건조한다. 우전, 세작 등
● **중국** : 다양한 살청방법을 사용하는 여러 차들이 있다. 용정, 벽라춘, 태평후괴 등
● **일본** : 다른 나라에 비해 증제차 비율이 높은 편이다. 옥로, 센차, 말차 등

• 건조 방법

솥에서 건조시킨 것을 초청炒靑, 열풍으로 건조시킨 것을 홍청烘靑, 햇볕으로 건조시킨 것을 쇄청晒靑, 초청과 홍청의 장점을 살린 반홍초半烘炒 녹차가 있다.

솜털이 남아 있는 백차

백차는 솜털로 덮여 있는 어린 싹과 여린 잎을 따서 열을 가하거나 비비는 과정 없이 시들리기 — 건조, 이 두 과정만으로 만든 차이다. 인위적으로 산화를 시키지 않는다고 할 정도로 아주 미약하게 산화된 자연 산화차로 산화도는 5~15% 정도이다.

백차의 종류

● **백호은침**白毫銀針 : 어린 싹으로 만든다. 찻잎이 은색바늘 같다 하여 실버 니들Silver Needle이라고도 한다. 백차 중 최고급품이며 생산량도 적다.

● **백모단**白牡丹 : 우린 후 찻잎의 모양이 막 피어난 꽃봉오리 같다고 하여 백모단이라 불린다. 1아 2엽으로 만들며 은백색의 솜털이 덮여 있다.

● **공미**貢眉 : 황제에게 진상한 공차라는 의미로 백모단과 같은 1아 2엽으로 만들고 그 공정도 동일하나 재래종 찻잎으로 만든다.

● **수미**壽眉 : 백호은침을 고르고 남은 잎을 활용해 만든 차로 싹은 거의 없거나 있어도 그 함량이 높지 않아 잎차에 가깝다.

백차는 다른 차들에 비해 제다과정이 간단하지만 오히려 정교한 제다 기술을 필요로 한다. 특히 싹과 잎의 수분을 서서히 증발시키기 위한 공정인 위조는 실외와 실내를 번갈아 가며 진행하는데 단순히 수분을 증발시키는 것뿐만 아니라 산화효소에 의한 변화가 적절하게 일어나도록 진행한다. 위조를 마치면 더 이상의 변화가 일어나지 않도록 찻잎을 건조시킨다.

이렇게 만들어진 백차는 비비는 유념 과정이 없어 찻잎의 모양이 자연스러운 것이 특징이다. 차 중에서 가장 공정이 간단하여 차 본연의 청아하고 순수한 향과 산뜻하면서 달콤한 맛을 내고, 매우 연한 찻물색을 띤다.

흔들어서 만드는 청차

청차는 녹차와 홍차 사이 오묘한 조화로움이 있는 차로, 제다 공정을 마친 찻잎의 색은 청녹색, 청갈색, 흑갈색 등을 띠며 우린 잎의 가장자리는 산화에 의해 붉은색을 나타내기도 한다. 이를 가리켜 옛 차인은 '녹엽홍양변綠葉紅鑲邊', '푸른 잎에 붉은색 띠가 가장자리를 수놓았다'고 하였다. 청차는 오룡차, 우롱차로 부르기도 한다.

청차는 일반적으로 중대엽종 차나무의 잎을 채취하는데, 너무 일찍 따면 청차만의 고유한 향기와 맛을 낼 수 없기 때문에 비교적 차의 성분이 풍부한 성숙한 잎을 원료로 가공한다.

청차의 제다 공정은 기본적으로 위조 — 주청 — 살청 — 유념 — 건조 등의 다섯 단계를 거쳐 만들어진다. 특히 주청做靑은 청차 제조의 특유한 공정으로 청차의 맛과 향을 형성하는 데 매우 중요한 과정이다. 주청은 위조를 마친 찻잎을 대나무 바구니나 넓은 채반에 담아 반복해서 여러 번 흔들어 준다. 이렇게 흔들어 주면 찻잎이 서로 부딪쳐 찻잎의 가장자리가 황색이나 붉은색으로 변하며 산화가 촉진된다. 이 과정에서 찻잎에서 날 것 같지 않은 다양한 향이 만들어지는데 부드러운 꽃향기와 꿀향기, 달콤한 과일향 등을 만들어 청차를 제다 기술의 꽃이라고도 부른다. 주청 과정을 마친 후 더 이상의 산화를 막기 위해 열을 가하는 살청을 하고 유념과 건조로 마무리한다.

청차의 주산지는 중국과 대만이지만, 베트남, 태국, 스리랑카, 인도네시아 등에서도 생산되고 있다. 지역별로 다양한 종류의 청차를 생산하고 있는 중국은 청차를 생산지역에 따라 복건성 북쪽 무이산 일대에서 생산되는 민북 청차, 복건성 남쪽 안계일대에서 생산되는 민남 청차, 광동성 동쪽지역에서 생산되는 광동 청차, 대만 등에서 생산되는 대만 청차로 분류하고 있다.

청차의 종류

- **민북 청차** : 대홍포, 육계, 수선, 철라한, 백계관, 천리향 등
- **민남 청차** : 철관음, 황금계, 모해, 본산, 수선 등
- **광동 청차** : 봉황단총, 봉황수선 등
- **대만 청차** : 동방미인, 문산포종, 동정오룡, 목책철관음 등

🌿 삼황三黃이라 불리는 황차

황차는 찻잎 색, 찻물색, 차가 다 우려 지고 남아 있는 찻잎인 엽저가 모두 노 랗다 하여 삼황이라 부른다. 살청 ― 유 념 ― 민황 ― 건조의 네 단계를 거쳐 만들어진다.

　특히 민황悶黃은 6대 다류 중 황차 제조에만 있는 특수한 공정으로, 찻잎을 통풍이 되지 않게 한 후 적절한 온도와 습도를 유지시켜 약하 게 산화를 유도하는 과정이다. 민황 공정이 이루어지는 시점과 방법은 다양하다. 종이나 비닐에 싸서 진행하는 방법, 젖은 면보로 덮어 두는 방법 등이 있다. 이 과정을 통해 찻잎의 색이 황색 빛을 띠게 되고 폴 리페놀 성분이 감소하고 당류와 아미노산도 변화하여 쓴맛은 줄어들 고 순하고 부드러운 단맛이 나게 된다. 찻잎의 크기와 여린 정도에 따 라 황아차黃芽茶, 황소차黃小茶, 황대차黃大茶로 나눈다.

　우리나라에서도 황차가 생산되지만 중국과 같은 방법으로 만들지는 않는다. 우리나라의 황차는 생산자에 따라 가공 방법이 다른데 일반 적으로 중국의 황차보다 산화도가 높고 찻물의 색도 붉은색에 가깝다. 맛은 홍차보다 부드럽고 감칠맛이 난다.

황차의 종류

- 🔘 **황아차** : 군산은침, 몽정황아, 막간황아 등
- 🔘 **황소차** : 북항모첨, 온주황탕, 위산모첨, 녹원모첨 등
- 🔘 **황대차** : 곽산황대차, 광동대엽청 등

🌿 세계적으로 사랑받는 홍차

홍차는 세계적으로 가장 많이 소비되는
차로 위조 — 유념 — 산화 — 건조의 과
정을 거쳐 만들어진다. 찻잎에 열을 가
해 산화를 억제시키는 녹차와는 정반대
로 산화를 촉진시키기 위해 열을 가하지 않고 효소의 기능을 최대한
활동하게 하여 만든다.

홍차는 가공방식에 따라 정통식 제다법Orthodox과 CTC 제다법으로
분류할 수 있는데 그 차이는 찻잎을 비비는 유념 공정에 있다.

정통식 제다법은 채엽 후 찻잎을 시들게 하는 위조시간을 길게 하
여 수분 함량을 낮추는데 찻잎을 비벼도 잎이 부서지지 않을 만큼 충
분히 부드러운 상태가 된다. 이어서 유념을 통하여 찻잎 속 세포벽을
허물어 화학성분이 밖으로 흘러나오게 한다. 이때 점착성을 가진 성분
들로 인해 찻잎이 서로 엉키며 덩어리가 지는데 뭉쳐진 잎들을 풀어주
어 산화가 잘 일어날 수 있도록 준비한다. 유념한 찻잎을 적절한 높이
로 쌓아 산화를 촉진 시킨다. 원하는 차의 맛과 향을 만들기 위해 온도
와 습도 시간을 섬세하게 고려하여야 하므로 숙련된 기술을 필요로 한
다. 산화를 완전히 멈추게 하기 위해 찻잎을 건조 시킨다. 건조된 찻잎
의 수분 함량은 약 5% 정도로 보관이 용이하게 된다. 이러한 정통방식
으로 만들어진 차는 비교적 찻잎의 손상이 적어 산화가 약하게 일어난
다. 또한, 카테킨의 양도 적어 색은 엷고 떫은맛이 적으며 섬세한 맛과
향을 지닌 차가 된다.

CTC 제다법은 위조와 유념을 마친 찻잎을 CTC 기계에 넣어 찻잎을

파쇄하고 모양을 만드는 방식이다. CTC는 분쇄하다Crush, 찢다Tear, 돌돌 말다Curl의 약자로 찻잎을 잘게 분쇄하고 찢은 후에 돌돌 말아 모양을 만드는 제다법이다. CTC 기계는 요철이 있는 두 개의 스테인리스 롤러 사이에 찻잎을 넣고 롤러를 각기 다른 반대 방향으로 회전시켜 찻잎을 분쇄, 찢기, 돌돌 말기 공정을 거쳐 찻잎이 과립형으로 둥글게 뭉쳐진 형태가 되어 나온다. 이 과정을 마친 후 산화와 건조 과정을 거쳐 홍차로 만들어진다.

CTC 방식으로 제조된 홍차는 동그랗게 말려 있기 때문에 이동시 찻잎의 손상이 적고 색과 향이 강하다. 가격이 저렴하면서도 일정 수준 이상의 품질을 유지하므로 대량생산이 가능하게 되었다. 윌리엄 맥커쳐W.McKercher가 1930년대 CTC 기계를 만들어낸 후 전 세계 홍차의

홍차의 종류

● **스트레이트 티**Straight Tea : 원산지가 같은 찻잎을 사용한 홍차로, 산지 이름이 곧 차의 이름이다. 중국의 기문, 정산소종, 윈난 등과 인도의 다즐링, 아삼, 닐기리 등이 잘 알려져 있다. 스리랑카에는 우바, 딤블라, 누와라엘리야, 캔디 등이 있으며, 이 밖에 네팔, 케냐, 인도네시아, 아프리카, 베트남 등에서도 국가명이나 지역명을 사용한 홍차가 생산된다.

● **블렌디드 티**Blended Tea : 원산지가 다른 찻잎을 혼합해서 만든 홍차로, 생산자마다 비율을 달리 하여 고유의 방법을 고수하고 있다. 잉글리시 브렉퍼스트, 아이리시 브렉퍼스트, 애프터눈 티 등이 있다.

● **플레이버리 티**Flavory Tea : 가향차라 하기도 하는데 차에 꽃잎이나 과일, 향료 등을 첨가해 만든다. 딸기 홍차, 레몬 홍차, 초콜릿 홍차, 캐러멜 홍차 등 종류가 다양하다. 대표적인 차로는 베르가못 향이 가미된 '얼그레이'가 있다.

50% 이상을 CTC 홍차가 차지하고 있다. 홍차는 스트레이트 티, 블렌디드 티, 플레이버리 티로 분류할 수 있다.

🌿 미생물이 만들어낸 흑차黑茶

흑차는 미생물발효차로 제다과정에서 인위적으로 고온다습한 환경을 만들어 미생물에 의한 발효가 일어나도록 만든 차다. 찻잎과 차탕의 색이 흑색이나 흑갈색으로 보여서 흑차라 하고, 영어권에서는 'Dark Tea'라고 부른다. 대부분 많이 자라 커진 찻잎, 질긴 줄기, 억센 가지까지 사용하는데 곳에 따라서는 어린 찻잎과 차꽃, 차 열매 등을 함께 섞어 만드는 흑차가 생산되기도 한다.

흑차는 살청 — 유념 — 악퇴 — 건조를 기본 공정으로 완성된다. 보통 악퇴 기간 동안 찻잎을 3~5회 뒤집어 섞어 주는데 상승된 내부 온도를 내려주고 미생물이 골고루 번식할 수 있는 환경을 조성해 주기 위함이다. 이렇게 발효시킨 찻잎은 실내에서 건조시킨 후 완성한다.

흑차는 압력을 가하지 않은 산차散茶와 압력을 가해 만든 긴압차緊壓茶가 있다. 긴압차는 운반이 편하도록 완성된 차를 다시 증기로 찐 후 압력을 가해 다양한 모양으로 만든 것이다. 형태에 따라 둥글고 납작한 모양의 병차, 네모난 벽돌 모양의 전차, 찻잔 모양의 타차, 버섯 모양의 긴차 등이 있다. 잘 만들어진 흑차는 순하고 부드러운 맛이 나고, 갈홍색이나 갈황색을 띤다. 시간이 지나면서 점차 숙성되어 풍부한 맛과 향이 특징이다.

흑차는 중국 서남부 지역인 후난, 후베이, 쓰촨, 윈난, 광시 지역에서 생산되어 주로 변방지역인 티베트, 몽골, 위구르 등의 지역에 공급되었다. 이곳의 소수민족들은 춥고 건조한 고산지대라는 특성상 부족한 영양 공급과 체온 유지를 위해 흑차를 끓여 소금이나 버터, 야크 젖 등을 넣어 자주 마셔왔다.

흑차의 종류

● **후난**湖南 : 복전차, 흑전차, 화전차, 천첨차, 천량차 등
● **후베이**湖北 : 청전차, 미전차, 포기노청차 등
● **쓰촨**四川 : 강전차, 금전차 등
● **윈난**雲南 : 보이차, 죽통차 등
● **광시**廣西 : 육보차 등

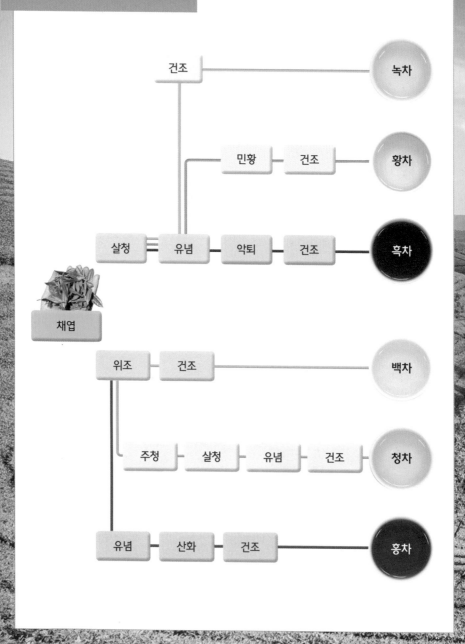

건조 ── 녹차

민황 ─ 건조 ── 황차

살청 ═ 유념 ─ 악퇴 ─ 건조 ── 흑차

채엽

위조 ─ 건조 ── 백차

주청 ┤ 살청 ┤ 유념 ┤ 건조 ── 청차

유념 ┤ 산화 ┤ 건조 ── 홍차

3. 역사 속 우리 차

우리나라에 차가 전해진 것은 삼국시대이지만, 그 이전부터 차문화가 있었을 것으로 여겨진다. 전성기는 고려시대로 우리 고유의 차 이름과 사용처, 제조 방법 등이 기록으로 남아 있다.

🌿 차문화의 시작

우리나라 정사正史에서 차에 대한 최초의 기록을 살펴보면 《삼국사기 三國史記》에 "신라 흥덕왕 3년828 당나라에 사신으로 갔던 대렴大廉이 차 종자를 가져오자 왕이 지리산에 심으라고 하였다."는 기록과 함께 "신라 37대 선덕왕780~785 때부터 차가 있었으나 42대 흥덕왕 때826~836에 이르러 더욱 성행하게 되었다."는 기록이 있다. 따라서 흥덕왕 이전부터 차문화가 이미 존재했었다는 사실을 알 수 있다.

차문화 전성기라 할 수 있는 고려시대에는 팔관회, 연등회, 공덕재 등 국가의례나 외국 공물로 차가 사용되었고 일반 백성들이 차를 사 마셨던 다점茶店이 있었던 것으로 보아 차문화가 대중에게까지 확산되었음을 알 수 있다. 고려시대에는 차도 다양하여 뇌원차와 대차, 향차, 등 10종류가 넘는 다양한 차 이름이 등장한다.

이후 조선 시대에는 차문화가 다소 쇠퇴하였지만, 조선 후기에 다산, 추사, 초의를 중심으로 음다 풍습이 성하게 되는데, 차의 약리적

작용과 그와 연관된 혼합차도 소개되고 있다. 이 당시에는 직접 차를 만들어 선물하는 일이 흔하였고 차회茶會를 자주 열었으며 다양한 차 시茶詩와 차 그림을 남기기도 하였다. 우리 차에 대한 기록도 다수 남아있는데, 초의선사가 《동다송東茶頌》에 기록한 내용 중 "중국 육안의 차는 맛이 뛰어나고, 몽정산에서 나는 차는 약효가 높다고 하지만, 우리나라 차는 그 두 가지를 겸비 하였다."라고 전하며 우리 차에 대한 자긍심이 남달랐음을 알 수 있다.

우리 고유의 차

• 뇌원차腦原茶

뇌원차는 고려의 토산차로 팔관회, 공덕재 등 국가 행사에서 사용했을 뿐만 아니라, 공을 세운 신하에게 하사하는 하사품으로, 외국에 공물로 보내는 예물로, 또는 죽은 신하에게 내리는 부의품으로도 사용한 최고급 단차團茶였다. 기록을 살펴보면, 고려 초 성종은 최승로의 죽음을 슬퍼하며 뇌원차 2백 각을 하사한다는 기록이 있다.

> 최승로가 성종 8년에 죽으니 시호는 문정이요 나이는 63세였다. 왕은 몹시 슬퍼하고 하교하여 그의 공과 덕을 표창하고 태사로 추증했으며 베 1천 필, 밀가루 3백 석, 멥쌀 5백 석, 유향 1백 량, 뇌원차 2백 각, 대차 10근을 부조했다. 《고려사高麗史》

이후 최양, 서희, 한언공 등이 사망하자 2백 각에서 많게는 1천 각에 이르는 뇌원차를 하사하였다고 기록되어 있다. 또 뇌원차는 고려의 특산품과 함께 거란에 공물로 보내졌다고 한다. 외국에 예물로 보내는 물건은 특별히 품질이 뛰어나고 고려만의 특색을 나타내는 물건이어야 한다는 점에서 뇌원차는 고려의 대표적인 차라 할 수 있겠다.

최승로가 올린 〈시무 28조〉에 보면 "성종께서 공덕재를 위해 직접 차를 맷돌에 갈아서 준비하는 데 힘을 너무 쓰는 것을 애석하게 여긴다. 이것은 광종 때부터 있었던 일"이라고 한 것으로 보아 이 당시 차는 찻잎을 찌거나 데쳐낸 다음 찧은 후에 모양을 찍어 말렸을 것으로 보인다.

• 대차大茶

대차는 뇌원차와 같이 왕실에서 사용된 고려의 토산차이다. 공이 많은 신하의 부의품이나 하사품으로 사용하였지만 뇌원차 다음에 대차가 기록되어 있고, 남자에게는 뇌원차, 여자에게는 대차를 주어 차별 지급한 기록이 있는 반면, 공물로 보낸 기록은 없는 것으로 보아 뇌원차보다는 등급이 낮은 차로 추정된다.

• 유차孺茶

유차는 화계花溪 다소에서 진상했던 단차團茶였다. 고려시대 문인 이규보는 고승 노규선사에게 귀한 조아차早芽茶를 선물받자 기뻐하며 스스로 '유차'라 이름 짓고 찬시를 지었는데, 이로서 그 뛰어난 품질을 미루어 짐작할 수 있다. 맛은 부드러우며 향기는 어린아이 젖 냄새와 비슷하니 부귀한 집에서도 쉽게 얻기 어려운 뛰어난 품질의 차였음을 알 수 있다.

• 향차香茶

향차는 고려 말엽 외국에 예물로 보내지기도 했던 단차團茶였다. 《고려사高麗史》에는 충렬왕 18년1292 10월 을사일 홍군상이 원나라로 돌아갈 때 고려의 홍선장군을 함께 보내어 향차와 모과 등을 바치게 하였다는 기록이 있다.

향차를 만드는 법은 1330년 원나라의 흘사혜忽思慧가 지은 궁중요리 책인 《음선정요飲膳正要》에 나와 있는데, "백차 1자루, 용뇌조각 3전, 백약을 달인 것 반 전, 사향 2전을 동일하게 우선 세세히 갈고, 향과 멥쌀로 죽을 만든 것을 같이 떡 모양으로 만든다."고 하였다. 향차는 차에 여러 약재를 배합하여 멥쌀로 쑨 죽과 섞어 떡 모양을 만든 단차였음을 알 수 있다.

• 작설차雀舌茶

작설차는 차나무의 어린잎이 마치 참새雀의 혀舌를 닮았다고 하여 이름 붙은 차이다. 우리나라에서 '작설'이란 단어는 고려 말 이제현李齊賢, 1287~1367의 시에서 처음으로 등장하는데, '송광스님이 햇차를 보낸 은혜에 붓 가는 대로 적어 방장실에 부치다'라는 차시를 보면 봄날 불에 말린 작설이 기록되어 있다. 이후에도 원천석, 김시습, 서거정, 정약용 등 수 많은 차인들이 작설차를 노래한 시를 남겼다.

이외에도 조선왕조실록을 비롯한 왕실의 여러 문헌 등을 보면 작설차가 왕실제례와 상례, 그밖의 여러 왕실의례와 사신들을 맞이하여 베푸는 칙사다례 등에 쓰인 대표적인 차로 기록되어 있다.

또 《동의보감東醫寶鑑》〈탕액편〉과 《산림경제山林經濟》〈구급방救急方〉 등에는 작설차의 효능을 자세하게 기록하여 약성을 인정하였다.

• 칠향차七香茶

칠향차는 1754~1756년 전라북도 부안현감으로 재직했던 이운해李運海, 1710~?가 저술한 《부풍향차보扶風鄉茶譜》에 기록된 향토차로, 부풍은 전라북도 부안의 옛 지명이다. 고창 선운사 인근의 차를 따서 증상에 따라 7종의 향약재를 가미해 만든 향약차香藥茶, 상비약차이다. 일상생활에서 발병하기 쉬운 증상인 풍증, 한증, 더위, 발열, 감기, 기침, 체증 등에 효능이 좋은 향약재를 넣어 차를 만들었다. 칠향차를 만드는 주된 재료는 차茶였는데 부재료로 향약재를 가미한 것이다. 만드는 방법은 작설차 6냥과 증상에 맞는 약초 각 1돈씩을 함께 넣고 물 2잔을 부어 반으로 줄어들 때까지 끓이다가 휘저어 뒤섞어 주면서 불에 바짝 말린다. 이것을 베자루에 담고 건조한 곳에 놓아둔다고 하였다.

마실 때는 깨끗한 물 2종을 탕관에 붓고 먼저 끓인다. 몇 차례 끓고나면 물을 다관에 따르고 차 1전을 넣어 우린다. 차는 뚜껑을 덮고 진하게 우러나면 뜨거울 때 마신다고 하였다.

• 청태전青苔錢

청태전은 고형차의 하나로 삼국시대부터 장흥 등 전남 남해안을 중심으로 존재했던 발효차이다. 생긴 모양이 엽전 모양과 비슷해서 '전차錢茶' 혹은 '돈차'라 불렀고, 발효과정에서 푸른 이끼가 낀 것처럼 보인다 하여 청태전青苔錢이라 한다.

《신증동국여지승람新增東國輿地勝覽》에 의하면 장흥에는 고려와 조선 초기 차를 생산하는 다소가 전국 19개소 중 13개소

가 있었다. 지금도 장흥군 유치면 봉덕리 보림사 주변 7개 지역에 걸쳐 야생차 서식지가 곳곳에 남아있어 청태전의 재료로 사용되고 있다.

　청태전에 대한 것은 조선의 차에 관심이 많았던 일본인 모로오까 다모쓰1879~1946와 아이이리 가스오1900~1982가 공동 저술한 《조선의 차와 선》에 자세히 기록되어 있다. 이들이 1938년 나주 불회사와 장흥 보림사를 직접 답사하여 남긴 기록에 의하면 찻잎을 채취한 날 바로 솥에 3~4분 쪄서 절구에 넣고 끈적거릴 때까지 충분히 찧은 뒤, 지름 아홉 푼약 2.3cm, 두께 두 푼약 0.5cm이 되게 손으로 눌러 덩어리 모양으로 굳히고 복판에 작은 구멍을 내고 새끼를 꿰어서 그늘에 말리며, 될 수 있는 대로 짧은 기간에 만든다고 하였다.

• 백운옥판차白雲玉版茶

　백운옥판차는 1920년 우리나라 최초로 잎차를 상품화한 것으로 강진 백운동 옥판봉에서 딴 찻잎으로 만든 녹차이다.

　강진은 다산 정약용이 18년 동안 유배생활을 했던 곳으로 고려시대부터 차산지로 널리 알려진 곳이다. 다산의 제자였던 이시헌1803~1860

이한영

을 통해 제다법이 집안에 전승되어 오다 후손 이한영1868~1956이 시판 상품으로 대중화한 것인데 일제강점기에 출시한 한국 최초의 녹차 브랜드라는 점에서 의미가 있다. 이 당시 우리나라 차산지에는 일본인들에 의해 기업화한 다원이 조성되었으며, 우리 땅에서 자란 찻잎과 우리 백성의 노동력으로 만든 차가 일본의 상품으로 둔갑하여 판매되고 있었다. 이한영은 기계식 증제차인 일본식 제품과 차별화된 수제 덖음차를 만들어 상품화하였다.

백운옥판차를 담는 포장에서도 일제강점기의 시대적 분위기를 엿볼 수 있다. 만들어진 차는 종이에 담아 사각형 모양으로 포장하여 차통에 넣었는데 앞면에는 백운옥판차의 상표인을, 뒷면에는 꽃문양으로 한반도를 형상화하였다. 옆에는 "백운일지 강남춘신白雲一枝 江南春信"이라 쓰여 있는데 "백운동 한 가닥 나뭇가지에 날아든 강남의 봄소식"이란 뜻이다.

이한영 선생을 도와 차를 만들었던 손부 조예순1921~2014 씨의 2006년 〈차의 세계〉 인터뷰를 보면 백운옥판차의 제다방법은 "곡우 후 백운동 일대의 야생 차나무 잎을 따서 가마솥에 갓 따온 찻잎을 넣고 불의 온도를 조절해 가면서 세 번씩 찻잎을 덖었다. 그후 시루에 쪄서 비비기도 했다. 차가 푸른빛을 잃을 때 꺼내어 손으로 비빈 후 온돌에 깐 종이 위에서 말린다."고 하였다.

현재도 이한영 후손에 의해 백운옥판차는 그 명맥을 이어가고 있다.

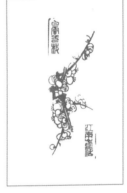

백운옥판차 포장상자의 앞면과 뒷면
(이한영茶문화원 제공)

05

차의 물 그리고 불

건조된 찻잎은 서서히 물에 젖으며
차맛을 형성한다.
차를 우리기 위해 물을 끓이며 온도를 살피는 것은
차 레시피의 기본이다.

1. 좋은 물이란

어떤 물로 차를 우려야 가장 맛있을까? 차를 마신다면 누구나 한번쯤 해봄직한 고민이다. 차의 본성은 진향眞香, 진색眞色, 진미眞味이다. 차의 색·향·미는 찻잎이 본래 가지고 있는 카페인, 테아닌, 카테킨 등의 수용성 성분들이 물에 녹아 결정되는데, 차를 우린다는 것은 결국 이러한 성분들이 조화롭게 용출되도록 돕는 일이기도 하다. 초의선사가 쓴 《다신전茶神傳》에 의하면 차는 물의 신神이요 물은 차의 체體여서 좋은 차가 참된 물을 얻어야 차 본연의 맛과 향을 얻을 수 있다고 하였다. 참된 물은 맑고 색도 없고 냄새도 없다. 차를 끓이기에 좋은 물이란 차의 본성이 그대로 드러나는 물이다.

ꙮ 살아 있는 물이 좋다

살아 있는 물이란 물속에 산소량이 많은 물이다. 차를 우릴 때 받아놓은 지 오래된 생수보다 바로 받은 수돗물이 좋은 것은 활성이 좋기 때문이다. 옛 사람들은 식수를 선택할 때 여덟 가지 덕■1을 기준 삼았다. 당자서唐子西가 말하기를 차는 둥글거나 꽃모양이거나를 묻지 않는다. 햇차라면 귀하게 여긴다. 물은 강물이거나 우물물이거나를 묻지 않는다. 요컨대 활수活水라면 귀하게 여긴다.■2

　건조된 찻잎은 다관 안에서 서서히 물에 젖으며 상하로 춤추듯이 움직이다. 이를 차무茶舞 혹은 점핑현상이라고 한다. 점핑현상이 계속되며 찻잎이 모두 가라앉으면 차가 다 우러났다고 판단한다. 찻잎의 점핑은 물속에 용해된 산소량에 영향을 받는다. 물을 오래 끓이면 끓일수록 산소량은 적어진다. 차를 우리며 끓은 물을 높은 위치에서 다관에 떨어뜨리거나 홍차를 우리는 중간에 인퓨저Infuser를 움직이는 이유는 물이 흔들리면 산소가 보충되어 차가 더 잘 우러나기 때문이다. 살아 있는 신선한 물은 차의 맛과 향을 비교적 잘 우러나도록 한다. 한편 말차는 다완에 차가루를 넣고 차선으로 거품을 일으켜 마시는데 활성이 있는 물은 맛과 향은 물론 풍성한 거품을 내는데도 좋다. 받아놓은 지 오래된 물은 흔들어서 산소를 보충할 수 있고 지나치게 끓은 물은 생수를 보충하여 활성을 보완할 수 있다.

🌿 가벼운 물이 맛있다

왜 같은 차인데 중국의 무이산에서 맛본 무이암차와 서울에서 마시는 무이암차의 맛이 다를까? 차는 물이 가진 미네랄[3] 함량과 경도에 따라 색 · 향 · 미가 다르게 나타난다. 경도는 물속에 녹아 있는 칼슘Ca^{2+}과 마그네슘Mg^{2+}의 합으로 환경부가 정한 식수의 경도 기준은

---

[1] 식수에 적합한 여덟 가지 기준에 부합하는 물. 가볍고, 맑고, 차고, 연하고, 맛있고, 냄새가 없고, 마실 때 알맞고 마신 뒤에 탈이 없는 물을 일컫는다.

[2] 전예형, 《자천소품》. 汲泉道遠 必失原味 唐子西云 茶不問圍銙 要之貴新 不問江井 要 之貴活.

[3] 칼륨, 나트륨, 칼슘, 인, 철 등 생체 생리 기능에 필요한 광물성 영양소를 말한다.

1,000mg/L 이하이다. 우리나라는 지방마다 다르지만 수돗물의 일반 경도는 65mg/L이다. 국내 시판되는 생수의 경도는 50~300mg/L이며 다양한 경도를 가진 물 중에 차를 끓이는 데 선호되는 물은 경도가 약 20~25mg/L이고, pH는 6.31~7.74로 측정되었다. 물은 칼슘의 함량이 높으면 일반적으로 시원한 맛으로 느끼며 산성을 띨수록 시원한 맛의 강도가 높게 평가된다.

일반적으로 비산화차인 녹차를 비롯해서 산화도가 낮은 차는 경도가 낮은 연수[1]에서 깔끔하고 맑은 향기를 느낄 수 있다. 홍차와 같이 산화도가 높은 차나 보이차처럼 발효도가 높은 차들은 수돗물이나 중간 단계의 경도를 가진 물로 우리는 것이 차 본래의 풍미를 얻는 데 용이하다.

현실적인 물

우리나라는 화강암 지역이라 대부분 연수이다. 반면 유럽과 중국 등 평야지대는 석회암 지형에다 물의 흐름이 느려 물의 경도가 높다. 연수와 경수는 같은 조건을 두고 차를 우렸을 때 차의 성분이 우러나는 속도와 맛에 차이를 보인다. 차의 종류와 찻물의 특성을 이용하여 차를 우리는 레시피에 적용한다면 다양한 풍미를 얻을 수 있을 것이다.

일반적으로 차를 끓이기 위해 선택하는 물은 크게 수돗물, 정수기

---

[1] 한국수자원공사의 분류기준에 따르면, 칼슘 및 마그네슘의 농도가 75mg 이하이면 연수, 그 이상이면 경수라고 한다.

물, 시판 샘물 등이다. 이 중 수돗물은 그대로 음용을 해도 무방하지만 특유의 냄새와 일부 노후된 관로 문제로 선택하기가 망설여지는 것이 사실이다. 따라서 대부분 정수기물이나 시판 샘물을 사용하게 된다. 시판 샘물 중 일부 탄산이 함유된 물이나 미네랄 함량이 많은 물은 차를 우리는 데 적합하지 않으며, 정수기는 사람에 따라서는 삼투압방식 정수보다는 자연 여과식을 더 선호하기도 한다. 사실 수돗물도 물단지 등 깨끗한 그릇에 받아 얇은 천을 씌워 하루쯤 염소가 날아가도록 하면 상당히 좋은 차맛을 내는 물이 된다.

물에 따라 다른 차색, 차맛, 차향

● 같은 양의 홍차를 넣고 12시간 후의 반응 (왼쪽)

미네랄수는 연수와 수돗물에 비해 찻물색의 변화가 서서히 일어났다. 미네랄수에서 서서히 우러난 차는 향기가 좋고 연수와 수돗물에 우린 차는 맛이 좋았다.

● 얼그레이 홍차 티백을 넣고 6분 후의 반응 (오른쪽)

경도 25mg/L와 300mg/L의 국내 시판 생수를 100℃까지 끓인 물에 얼그레이 홍차 티백을 넣고 6분간 담가 둔 결과, 미네랄수보다 연수에서 비교적 진하게 우러났다.

2. 물 끓이기

물을 끓이는 것은 혹시 있을 유해물질을 없애고 물을 부드럽게 하여 차맛을 더 좋게 하기 위한 것이다. 당나라 소이는 끓인 물은 차의 생명을 쥐고 있다고 했다.[1] 차는 고온의 물에서 풍미가 더욱 살아나지만 지나치게 온도가 높으면 오히려 차맛을 해치기도 한다. 또한 물이 덜 끓으면 차맛은 충분하지 않고 지나치게 끓으면 차맛이 힘을 잃게 된다. 옛 차인들은 물을 끓이는 것을 '탕후湯候'라고 하여 단순히 끓이는 것을 넘어 알맞은 탕수를 얻기 위해 끓고 있는 물을 다양하게 살폈다.

충분히 끓인다

차마다 그 색향미를 잘 살리기 위해서는 알맞은 물온도가 요구된다. 《다신전茶神傳》을 보면 당시 덖음차를 마시기 위해 물을 다양하게 살피며 충분히 끓였다. "물이 끓는 모양, 끓는 소리, 끓을 때 올라오는 수증기 등을 살피며 탕수의 알맞음을 가늠했고, 끓는 모양은 솥 안에서, 소리는 솥 밖에서 구별하였고, 수증기는 빠르기로 판단했다." 이렇게 충분히 끓여 잘 익은 물을 알맞은 물로 여겼고, 덜 끓어 설익은 것은 맹탕이라 하여 차를 끓이는 물로 적합하지 않다고 하였다. 또한 "끓으면서 올라오는 공기방울이 점점 가늘어지며 연이은 구슬 같은 모양까지도 모두 맹탕이다."라고 하였고, 마치 파도치고 북 치는 것같이 끓어오르면 순숙純熟이라 했다.[2] 순숙은 차를 우리는 가장 알맞은 물로 충분히 끓여서 가볍고 부드러워진 물이다.

🌿 알맞게 끓인다

물은 충분히 끓여서 식힐 것인가 아니면 원하는 그 온도에 이르면 그만 불을 내릴 것인가의 의견은 분분하다. 송나라 때 말차를 마시는 물의 온도는 비교적 낮았다. 물이 조그만 소리를 내기 시작하며 게눈만한 물방울이 솥 바닥에 나타나기 시작하는데, 이때 온도를 측정하면 80℃ 정도가 된다. 송대 《다록茶錄》에서는 말차를 우리는 물은 게눈도 너무 익은 물이라고 하였다. 당시 말차는 고온의 탕수가 요구되지 않았고, 오늘날 인공적으로 해가림을 한 찻잎으로 만든 말차 역시 고온의 물을 사용하는 것보다 80℃ 정도의 물에 격불하는 것이 풍미가 좋다. 물이 지나치게 오래 끓었다고 생각되면 냉수를 조금 부어 활기를 더한 후 사용한다.

요즈음에는 대부분 간편한 전기포트에 물을 끓인다. 물이 펄펄 끓으면 100℃에 이르고 그러면 자동적으로 정지되도록 만들어져 있다. 홍차를 우릴 때는 끓자마자 바로 탕수로 이용되지만 대부분의 차는 조금 기다렸다가 한 김 나간 후에 사용한다. 수돗물을 그대로 사용할 때에

■1 소이, 《湯品》, 湯者 茶之司命.
■2 《다신전》, 湯辨. 湯有三大辨 十五小辨 一曰形辨 二曰聲辨 三曰氣辨 形屬內辨 聲屬外辨 氣屬捷辨 如蟹眼 蝦眼 魚眼 連珠 皆屬萌湯 直如湧沸 如騰波鼓浪 水氣全消 方是純熟.

는 끓인 후 2~3분 기다렸다가 다시 한 번 끓여주면 산소도 유입되고 수돗물의 염소냄새를 제거할 수 있다. 차 제조기술의 발달로 차류가 다양해짐에 따라 각 차류를 우리는 탕수의 온도는 다르지만 물을 끓이는 궁극적 목적은 차 본연의 색향미를 살리기 위한 것이다.

풍미를 위한 물 온도

차의 풍미는 맛의 균형에서 온다. 균형 잡힌 맛이란 찻잎 속에 있는 수용성 성분들이 우러나와 서로 조화를 이룰 때의 맛이다. 찻잎 성분들은 물 온도에 따라 우러나는 양과 속도가 다르다. 쓴맛을 내는 카페인은 찬물에서도 비교적 쉽게 우러난다. 단맛과 감칠맛의 주역인 아미노산은 찬물에서도 우러나지만 50~60℃에서 좀 더 많이 우러난다. 카테킨은 쓴맛과 떫은맛을 내는데 80℃ 이상의 고온에서 빠르게 나온다. 제조과정에서 찻잎이 파쇄되어 있는 차는 뜨거운 물을 부으면 쓰고 떫은맛을 내는 카테킨이 먼저 빠져 나온다. 그렇게 되면 이후 용출되는 아미노산의 단맛이 지워져 맛의 균형이 깨지게 된다. 우리나라 녹차를 우릴 때 식힘사발에 물을 따라 한 김 식혀서 사용하는 것은 카테킨의 용출량을 조절하여 차를 떫지 않게 하려는 것이다.

눈도嫩度, 찻잎의 어리고 여린 정도는 동일해도 산화도가 다른 차라면 차를 우릴 때 물 온도를 다르게 적용해야 차가 맛있다. 예를 들어 녹차와 공부홍차는 같은 여린 싹과 잎을 원료로 하여 만들지만 녹차는 비교적 낮은 온도의 물로 우려야 특유의 선상미鮮爽味, 감칠맛을 동반한 상쾌한 맛를 얻을 수 있고 홍차는 고온으로 우려야 잘 익은 과일향과 초당향焦糖香,

설탕을 가볍게 태운 듯한 캐러멜 향이 주는 풍미를 충분히 끌어낼 수 있다. 묵은 차와 쇤 잎을 원료로 해서 만든 차는 같은 종류의 차라도 햇차나 여린 잎으로 만든 차보다 물 온도를 높게 해서 우려낸다.

중국의 공부차工夫茶는 우롱차를 우리는 방식으로 차도구를 차례대로 사용하며 차를 우리도록 규범화되어 있다. 그 중에 찻잎에 묻은 먼지 등을 씻어낸다는 세차洗茶는 첫 번째 우린 차를 마시지 않고 버리는 것이다. 차의 수용성 성분의 풍미는 첫번째 찻물에서 풍부하게 느낄 수 있기 때문에 세차를 한다면 짧은 시간 내에 하는 것이 바람직하다.

물온도에 따른 찻잎의 주요성분 추출량(%)

견본차	성분	100℃		80℃		60℃	
		함량	상대	함량	상대	함량	상대
용정 특급	수용성 침출물	16.66	100	13.043	80.61	7.49	44.96
	유리아미노산	1.81	100	1.53	87.29	1.21	66.85
	폴리페놀화합물	9.33	100	6.70	71.81	4.31	46.20
용정 1급	수용성침출물	21.83	100	19.50	89.33	14.16	64.86
	유리아미노산	2.20	100	1.97	89.55	1.54	70.00
	폴리페놀화합물	11.29	100	8.36	74.05	5.59	49.51

출처 : 施兆鵬 主編, 黃建安 副主編, 《茶叶》, 中國農業出版社

3. 물 끓이는 불

물을 끓이는 열원은 여러 가지가 있다. 현대생활에서야 전기가 대부분이지만 정취 있는 차생활을 즐기고 싶다면 다양한 열원을 사용할 수 있다.

전기기구

• **전기로**Electric Range

전기코일을 이용한 발열 장치로 여러 기물과 재질에 다양하게 설치할 수 있다. 탕기로는 열에 견디는 것이라면 어떤 재질이든 상관없이 두루 쓸 수 있다. 탕기 바닥 면적이 넓을수록 열전달이 좋다. 발열체가 노출되어 있기 때문에 누전의 위험성이 있으므로 물 관리에 유의해야 한다.

• **하이라이트**Highlight **전기레인지**Electric Cooker

하이라이트 코일 위의 세라믹판을 데워 열을 전달하는 방식으로 어떤 재질이든 좋으나 바닥이 평평해야 한다. 바닥이 둥글거나 다리가 있으면 열전달 효율이 현격히 떨어진다.

• **인덕션**Induction Range

　열효율이 매우 높지만 자기장을 이용한 발열방식이라 자기장을 일으킬 수 없는 유리나 옹기, 금속이라 하더라도 알루미늄, 동 등은 사용할 수 없다.

• **전기포트**Electric Kettle

　조리기 안에 발열체가 내장된 형태다. 빠르고 간편하게 끓일 수 있고 일정 온도로 보온도 가능해 가장 널리 쓰인다. 하지만 끓어오르면 바로 열원을 차단하기 때문에 차를 우리는 데 적절한 온도까지 충분히 오르지 못하는 경우가 있다. 또 장시간 보온상태로 있으면 노수老水가 되기 쉬우므로 신선한 물을 보충하여 다시 끓인 후 차를 우리는 것이 좋다.

기타 열원

• **가스**Gas

　화력이 좋고 열 조절이 쉽기는 하나 연결관을 필요로 하는 등 설치에 제약이 있으며 이산화탄소와 일산화탄소를 발생하기 때문에 좁은 실내는 적합하지 않다. 이동식 가스버너는 야외에서 편하게 사용할 수 있다. 탕기는 어떤 재질과 형태든 사용이 가능하다.

• **알코올**Alcohol

　냄새, 연기, 그을음이 없고 화력도 좋은 편이지만 미세한 열 조절은 힘들다. 잘 만들어진 기구를 사용하면 개인차실용으로 매우 좋다. 그러나 연료를 조달하기 까다로운 편이고 휘발성이 높으며 불꽃이 보이지 않으므로 취급에 주의를 요한다. 재질이나 형태는 크게 까다롭지 않으나 대용량의 열원으로는 부적합하다.

• 숯炭

예로부터 차문화에서 가장 밀접하게 많이 써온 열자재이다. 좋은 숯불에서 끓인 물은 가장 좋은 차맛을 내기 때문에 차인이라면 늘 쓰고 싶지만 현대 차생활에서 상용하기는 여러 면으로 까다롭다. 화로爐 종류에 모두 사용된다. 품질이 떨어지는 숯은 냄새와 연기 그을음이 발생하고 유해가스도 내기 때문에 좋은 숯을 확보해야 한다. 좋은 숯은 화력이 좋을 뿐 아니라 불붙은 모습이 매우 아름다워 감상의 대상이 되기도 한다. 유리재질을 제외한 어떤 형태의 탕기湯器도 모두 가능하다. 실내에서 사용할 때는 환기와 화재에 특히 유의해야 한다.

• 화목火木

실내외 난방과 취사용 화덕인 아궁이, 벽난로, 코굴산간지역에서 사용한 우리나라 고유 벽난로 등에서 사용한다. 캠핑 화덕도 좋다. 화력이 좋기는 하지만 냄새 연기 그을음이 나기 쉽다. 나름의 정취와 아름다움이 있고 유리를 제외한 어떤 재질 형태도 사용 가능하지만 여러 면으로 다루기 어렵다.

• 초燭

열이 낮아 끓이는 용도로는 비효율적이다. 끓여진 물이나 우려진 차의 온도를 유지하는 데 적합하다.

4. 6대차 우리기

서로 다른 차를 동일한 다관에 넣고 동일한 레시피를 적용하여 우린다면 어떻게 될까? 차를 우리는 방식은 차마다 다르다. 몇가지 원리를 알면 어렵지 않게 차를 우리고 맛을 낼 수 있다.

🌿 차의 외형은 참고서

차는 그 이름과 외형에 이미 제조 방법과 우리는 레시피가 포함되어 있다고 해도 과언이 아닐 것이다. 차를 우리기 위한 세부사항, 즉 차의 양, 물의 양, 물 온도, 우리는 시간 등은 레시피를 구성하는 요소이다. 레시피의 세부사항은 차의 외형을 보고 결정해도 무리가 없다. 다시 말해, 차의 외형은 레시피를 위한 참고서라고 할 만하다. 외형이 단단하게 말렸는가 혹은 느슨하게 풀어졌는가는 그 차의 포법, 다기의 선택 및 우리는 시간 등을 정하는 첫 번째 기준으로 삼을 수 있다.

차의 외형은 주먹을 꼭 쥔 듯 단단히 말린 모양이 있는가 하면 둥그런 공같이 생긴 차, 난꽃 모양 차, 무이암차처럼 두루마리를 느슨하게 말아 놓은 듯한 모습을 한 차 등 여러 가지가 있다. 단단하게 뭉쳐 있는 차는 높은 온도에서 시간을 길게, 느슨하게 말아 놓은 차는 짧은 시간에 우려낸다. 차의 색깔이 녹색에 가까울수록 물 온도를 낮게 하고 흑색에 가까울수록 온도가 높은 물로 차를 우린다. 다만 우롱차는 녹

| 뭉쳐진 동정오룡 | 느슨한 무이암차 | 줄기형 공부홍차 | 파쇄형 홍쇄차 |

색 빛에 가까워도 90도 이상 고온의 물로 우려야 풍미를 제대로 얻을 수 있다.

🌿 차는 몇 차례나 우리나?

잎차와 물을 차우림 주전자에 넣고 찻물을 추출해 내는 방식을 보통 포다법泡茶法이라고 한다. 포다법은 단포법單泡法과 다포법多泡法이 있다. 단포법은 차를 한 차례만 우리고 다포법은 한 다관의 차를 연거푸 우려서 마시는 방법이다. 파쇄된 브로큰 그레이드Broken Grade의 홍차와 CTC 홍차는 일반적으로 비교적 큰 티팟에 일정량의 차와 물을 함께 넣고 일정한 시간을 기다렸다가 걸러내는 방식이다. 중국 우롱차는 칠포유여향七泡有餘香이라 하여 일곱 번을 우려도 그 향이 여전하다고 전해진다.

나라마다 지역마다 차류마다 차를 우리는 방식은 다양하여 특별히 정해져 있는 것은 아니다. 차에 따라 나라와 지역별로 습관처럼 내려오는 문화의 형식이 공유되고 있다. 어떤 차라도 외형에 상관없이 단포법도 다포법도 가능하다. 다양하게 즐기며 자기만의 레시피를 찾아보는 것도 의미 있다고 할 것이다.

• 한 번 우리기, 단포법單抱法

비교적 큰 다관이나 간편 다기에 차를 1회만 추출하는 것으로 차와 물의 비율을 맞추어 일정 시간 기다렸다가 따른다. 단포법은 탕수를 한꺼번에 부으면 점점 물이 식는다. 처음의 물 온도를 유지하는 것이 관건이므로 정해진 물의 반을 먼저 붓고 중간쯤에 나머지 뜨거운 물을 추가 하거나, 티코지 등을 이용하여 보온을 하며 우린다.

단포법에 사용되는 다관은 400cc 이상의 크기가 주로 사용된다. 홍차는 밀크티용이라면 우리는 시간을 조금 길게 하여 비교적 진하게 우리고 스트레이트 티로 즐기기 위한 것이라면 시간을 좀 줄이는 것이 좋다.

• 여러 번 우리기, 다포법多抱法

다포법이란 한 다관에 담긴 차를 여러 번 우려서 차맛의 다양함을 즐긴다. 한국 녹차는 일반적으로 세 차례 정도 우린다. 우롱차는 작은 다관에 차를 비교적 많이 넣고 여러 번 우리는 것이 특징이다. 중국의 원매는 《수원식단隨園食單》에서 '귤만 한 다관과 호도만 한 찻잔'으로 매우 진한 차를 즐겼다고 말한다. 다포법으로 긴압차를 우릴 때는 잘게 다듬어서 우린다. 또한 세차 여부에 따라 첫번째 찻물을 추출하는 시간을 정한다.

단포법 - 홍차 우리기

단포법으로 차 우리기

차류		우리기				대표적인 차
		차양	물온도	물양	우리는 시간	
녹차	초청	3g	75~80℃	300cc	1분 40초~2분	벽라춘, 우전
	홍청	3g	80~85℃	300cc	2분 30~3분	안길백차, 황산모봉
우롱차	반구형	3g	90~95℃	300cc	3분~4분	철관음, 동정오룡
	조형	3g	95~98℃	300cc	2분~3분	대홍포, 봉황단총
홍차	CTC	3g	95~98℃	300cc	2분~2분 30초	아쌈, 르완다
	브로큰 티	3g	95~98℃	300cc	2분~3분	FBOP, BOP
	공부홍차	3g	95~98℃	300cc	3분~3분 30초	기문홍차, 전홍

다포법 – 우롱차 우리기

다포법으로 차 우리기

차류		물온도	우리는 횟수와 시간(초)	대표적인 차
녹차	초청	75~85℃	60 – 15 – 50 – 90	벽라춘, 우전, 서호용정
	홍청	80~87℃	80 – 20 – 40 – 90	황산모봉, 안길백차
	증청	60~70℃	40 – 20 – 40 – 90	일본 센차, 은시옥로
백차		87~90℃	30 – 15 – 40 – 90	백호은침, 백모단
우롱차	반구형	90~95℃	75 – 15 – 60 – 120	철관음, 고산오룡
	조형	90~95℃	25 – 15 – 30 – 100	대홍포, 봉황단총
공부홍차		95~98℃	25 – 15 – 30 – 90	기문홍차, 전홍
흑차	긴압	95~98℃	90 – 15 – 10 – 60	복전, 천량차
	산차	90~95℃	25 – 10 – 5 – 15	육보차, 보이숙산차, 천첨

차 우리기의 베리에이션

• 냉침법冷沈法

　냉침법은 찻잎을 저온의 물에 담가 긴 시간 서서히 풍미를 끌어내는 것이다. 뜨거운 물에서 속히 용출되는 카테킨의 반응이 서서히 일어나 떫지 않고 아미노산의 용출은 비교적 많아 차 특유의 감칠맛과 차 본연의 맑은 향을 느낄 수 있다.

• 현대 자다법煮茶法

　육보차나 보이숙차 등은 약한 불로 서서히 끓이면 미생물 발효에서 오는 특유의 잡내가 사라져 부드럽고 감칠맛 있는 차를 즐길 수 있다. 다른 음식에 이용되지 않은 냄비나 탕관 등을 이용하여 끓인다.

• 드립Drip법

　더욱 깊은 풍미를 위해 차를 잘게 부수어 뜨거운 물에 커피처럼 드립한다. 여린 녹차는 물을 식혀 우리는 것이 일반적이나 물을 식히지 않고 높은 온도에서 단시간에 드리퍼Dripper에 추출한다. 커피를 드립하듯이 찻잎을 넣고 필터를 통해 차를 추출한다. 맑은 향과 더불어 우릴 때와는 다른 숨어 있는 풍미를 느낄 수 있다.

냉침차 레시피

1. 잎차 1g당 물 100cc를 기준하면 대체로 적당하다.

2. 흐르는 물에 차를 빠르게 씻은 후 찻잎을 생수에 담가 냉장한다. 실온에 잠깐 놔두기도 하지만 냉장하여 긴시간을 두는 것이 좀더 맛이 깔끔하다.

3. 찻잎의 외형에 따라 12시간에서 24시간을 냉장실에서 냉침한 뒤 찻잎을 걸러낸다. 티백을 냉침하는 것도 마찬가지이다.

※ 12~16시간 냉침 : 얼그레이, 랍쌍소우총, 무이암차
※ 16~24시간 냉침 : 백모단, 기문홍차, 반구형우롱차, 자스민차

현대 자다법 레시피

1. 육보차 5g에 물 500cc를 기준으로 하면 적당하다.

2. 차를 흐르는 물에 빠르게 씻은 후 탕관에 물과 함께 넣고 서서히 끓인다.

3. 300cc 정도가 될 때까지 조리듯이 약불로 끓여준다.

드립녹차 레시피

1. 녹차 3g과 90℃의 물 200cc를 준비한다.

2. 찻잎에 30cc의 물을 부은 후 30초 기다렸다가 드립한다.

3. 같은 방법으로 여러 차례 우려낸다.

06

우리 역사 속
차인 이야기

차茶는 시대정신이자 문화의 매개이다.
오늘, 긴 역사 속 차인들을 찾는다.

그들은
때로는 예禮로써
때로는 마음을 다스리기 위해
때로는 백성을 사랑하는 마음으로
때로는 소통을 위한 수단으로
차를 사랑했다.

1. 삼국시대 차인 이야기

삼국시대는 우리나라 차문화의 시작점이다. 《삼국사기三國史記》에 "차는 지리산을 중심으로 자생 또는 대렴이 중국에서 가져와 심었다." 하고 《삼국유사三國遺事》에 인도 아유타국 공주가 시집을 오면서 차씨를 가져와 심었다는 기록을 근거로 차를 재배하고 마셨던 것으로 추정하기도 한다. 차는 주로 왕이나 귀족 계층에서 마셨다. 스님들은 부처님께 공양하기 위해 차를 올렸으며 수행정진을 하기 위해 차를 마셨다.

차를 좋아한 신라 왕가 사람들

• 신라의 두 왕자, 보천寶川과 효명孝明

보천과 효명은 신라 31대 신문왕의 아들들이다. 신문왕의 후비인 신목왕후가 보천태자를 견제하자 보천은 태자 자리를 내려놓고 효명과 오대산으로 잠적하여 불가에 귀의하였다. 《삼국유사》〈오대산오만진신조五臺山五萬眞身條〉에 의하면 자장법사가 신라로 돌아왔을 때, 태자 보천과 효명이 오대산에 각기 암자를 지어 부지런히 불도를 닦자 다섯 봉우리에 각 1만의 보살이 나타났다. 보천과 효명은 날마다 5만 보살의 진신眞身에 일일이 절을 올렸다고 한다. 또 이른 아침 문수보살이 진여원眞如院, 지금의 오대산 상원사에 36종의 형상으로 나타나므로 늘 골짜기 물을 길어다 차를 달여 공양하였다 한다. 보천과 효명은 부처님께 공양하는 차를 오대산 우통수于筒水 [1]로 달였다 하는데, 조선 초 권근權近은 "우통수의 원천에 월정月精이라는 암자가 있다. 옛날 신라의 두 왕자가 이곳에서 은둔 생활을 하면서 선도仙道를 닦아 득도했다."고 기록하였다.

우통수 물로 달인 차는 왕실 권력다툼으로 상처받은 형제의 마음을 달래주고, 불도에 정진하고 승화시키는 데 좋은 동반자였을 것이다.

• 직접 재배한 금지차, 김교각金喬覺

김교각696~794은 신라 33대 성덕왕의 아들이다. 그가 화랑이 되었을 때 어머니와 성덕왕 사이에 갈등이 심해지자 실망한 그는 24세에 출가하여 당나라로 건너갔다. 거기서 그는 교각이라는 법명을 받고 구화산九華山에 자리 잡게 된다.

교각은 차를 무척 좋아해서 구화산에 차밭을 일구어 신라에서 가져온 금지차金地茶를 심었다. 이 금지차가 서역으로부터 가져온 것이라는 설도 있으나 장성재2021는 지장이 가져간 볍씨黃粒稻와 함께 잣씨五釵松도 그 원산지가 '서역'이 아닌 '신라'임을 새롭게 입증하면서 금지차 역시 가져온 곳이 신라일 가능성이 더 크다고 했다. [2]

스님은 금사천金沙泉 물을 길어 직접 재배한 금지차를 달여 마셨다 하는데 이 금사천은 지금도 구화산에 가면 볼 수 있다. 어느 날 늘 차를 달여 올리던 사미승이 집이 그리워 하산하려고 하자 스님이 아쉬움을 달래며 지은 시 한 수가 전한다.

[1] 평창군 진부면 동산리 서대 수정암으로부터 약 60m 정도 떨어진 곳에 위치한 평창 우통수는 각종 고문헌에서 한강의 시원지로 기록되어 있다.
[2] 〈구화산 김지장의 신라 차 논쟁〉, 한국종교교육학회 2021, 종교교육학연구, 66권.

하산하는 동자를 전송하며 送童子下山

불문이 적막해서일까 너는 집을 그리워하여	空門寂寞汝思家
절간을 하직하고 구화산을 내려가네	禮別雲房下九華
너는 대 난간서 죽마 타길 좋아하고	愛向竹欄騎竹馬
절집에서 공양하는 일은 게을렀지	懶於金地聚金沙
물 긷는 계곡에서 달 보는 일도 더는 없고	添瓶澗底休招月
차 우리는 사발 속 꽃놀이도 이젠 그만이구나	烹茗甌中罷弄花
자꾸 눈물 흘리지 말고 부디 잘가거라	好去不須頻下淚
늙은 나야 안개와 노을을 짝하리니	老僧相伴有煙霞

《전당시全唐詩》

794년 7월 30일 김교각은 대중을 불러놓고 가부좌를 한 채 홀연히 입적했다. 그의 법명은 지장地藏으로, 지장보살은 지옥중생을 모두 제도하기 전까지는 성불하지 않겠다고 서원한 보살이다.

🌿 승려와 유학파 차인

• 차 한 잔의 가치, 충담忠談

충담은 생몰년대가 정확하지 않으나 《삼국유사》〈신라본기新羅本紀〉에 차와 관련된 이야기가 전한다. 경덕왕 재위 24년765 3월 3일 왕이 경주 귀정문 누각에 올라 훌륭한 승려를 데려오라 하니 신하들이 깨끗하게 잘 차려입은 승려를 데려오자 고개를 저었다. 이때 충담이 장삼을 입고 앵통櫻筒, 앵두나무로 만든 통을 메고 지나가고 있었는데 경덕왕이 보고 신하에게 모셔오게 하였다. 거취를 묻자 충담은 남산 삼화령 三花嶺 미륵세존께 차를 올리고 온다고 대답하였다.

경덕왕은 충담에게 차 한잔을 부탁하였다. 그가 달인 차는 맛이 독특하고 잔에서도 기이한 향이 진하게 났다. 경덕왕은 차 한잔으로 충담의 뛰어남을 가늠했고, 그가 세간에 알려진 〈찬기파랑가讚耆婆郞歌〉를 지었다는 것을 전해 듣고 자신과 백성을 위해 향가 한 수를 지어달라고 하자 충담은 〈안민가安民歌〉를 지어 바쳤다. 이후 왕이 왕사王師로 봉하고자 했으나 그가 사양했다고 한다. 이 이야기는 한 잔의 차를 달여내는 과정과 차맛에서 그 사람의 품성이 그대로 드러날 수 있다는 것을 보여준다.

• 차는 수수颼颼하게, 진감국사眞鑑國師

해소慧昭 진감眞鑑,774~850는 당나라에서 27년간 유학하며 수행한 승려이다. 흥덕왕 5년830에 귀국하여 옥천사지금의 쌍계사를 창건하였다. 혜소는 당나라에서 머물면서 자연스럽게 차생활을 했을 것이다. 887년 최치원이 지은 〈진감선사대공탑비眞鑑禪師大空塔碑〉에 관련된 차 이야기가 남아 있다.

한명漢茗을 공양하는 사람이 있으면 돌솥石釜에 섶으로 불을 지피고 가루로 만들지 않고 끓이면서 말하기를 "나는 맛이 어떤지 알지 못하겠다. 뱃속을 적실 따름이다."고 하였다. 참된 것을 지키고 속된 것을 꺼림이 모두 이러한 것들이었다.■1

■1 漢茗爲供者則以薪爨石釜不爲 屑而煮之日吾不識是何味濡腹而已 守眞忤俗皆 此類也.

비문 속의 '한명'은 단차團茶 형태의 중국차로 가루 내어 다유茶乳로 마셨던 차로 추측된다. 진감국사도 이런 다법을 잘 알고 있었지만 거친 방법으로 돌솥에 넣어 끓여 마셨다. 차를 굽고 맷돌로 갈아내어 체로 고운 가루를 골라낸 후 거품을 내어 마시는 방법은 사치스럽고 번거롭게 생각했다. 또, 그는 "차 맛을 알 수 없고 배를 적실 뿐이다."라고 말하며 맛에 탐닉하는 당시 차풍의 속됨을 경계한 것이다.

• 천재 유학생, 외로운 시인, 최치원崔致遠

고운孤雲 최치원857~?은 신라 헌강왕憲康王, 857~886 때 문신으로, 유학자이며 문장가였고 자는 고운이다. 868년 12세 나이로 당나라에 유학을 가 과거에 급제한 후 관료가 되었다. 당나라 문인들과 교류하면서 다양한 중국의 차를 접하고 즐겼던 고운은 당시의 차 풍습에 대해 중요한 글들을 남겼다.

햇차를 사례한 장문謝新茶狀

모某는 아룁니다. 오늘 중군사中軍使 유공초兪公楚가 받들어 전한 처분을 보건대, 전건前件의 작설차茶芽를 보낸다는 내용이었습니다. 삼가 생각건대, 이 차는 촉강蜀岡에서 빼어난 기운을 기르고, 수원隋苑에서 향기를 드날리던 것으로, 이제 막 손으로 따고 뜯는 공을 들여서, 바야흐로 깨끗하고 순수한 맛을 이룬 것입니다. 따라서 당연히 녹차의 유액乳液을 황금 솥에 끓이고, 방향芳香의 지고脂膏를 옥 찻잔에 띄운 뒤에, 만약 선옹禪翁에게 조용히 읍하지 않는다면, 바로 우객羽客을 한가로이 맞아야 할 터인데, 이 선경의 선물이 범상한 유자儒者에게 외람되게 미칠 줄이야 어찌 생각이나 하였겠습니까. 매림梅林을 찾을 필요도 없이 저절로 갈증이 그치고, 훤초萱草를 구하지 않아도 근심을 잊을 수 있게 되었습니다. 그지없이 감격하고 황공하며 간절한 심정을 금하지 못하겠기에, 삼가 사례하며 장문을 올립니다.■1

  최치원은 타국 생활에 어려움이 많았을 것이다. 귀국을 고민하던 그는 879년 신라로 돌아왔다. 그러나 신라 역시 정세가 어지럽기는 마찬가지였다. 진성여왕 8년894 왕실의 안녕과 국가의 위상을 강조한 시무십여조時務十餘條를 상소하였으나 귀족들의 거센 반발로 관직을 내려놓게 된다. 차를 좋아한 최치원은 지리산을 유랑하다가 화개동에 이르러 차밭을 일구면서 잠시 몸과 마음을 자연 속에서 치유하였다.

호중별천壺中別天

동방 나라 화개동은	東國花開洞
항아리 속의 별천지라네	壺中別有天
선인이 옥 베개를 밀고 일어나니	仙人推玉枕
이 몸과 이 세상이 문득 천년이라	身世欻千年

화개동花開洞

일만 골짜기에 우뢰 소리 울리고	萬壑雷聲起
천 봉우리엔 비 씻긴 푸나무 싱그럽네	千峯雨色新

■1 〈계원필경〉 18권. 右某今日中軍使兪公楚奉傳處分 送前件茶芽者 伏以蜀岡養秀 隋苑騰芳 始興採擷之功 方就精華之味 所宜烹綠乳於金鼎 泛香膏於玉甌 若非靜揖禪翁 卽是閑邀羽客 豈期仙눼 猥及凡儒 不假梅林 自能愈渴 免求萱草 始得忘憂 下情無任感恩惶懼激切之至 謹陳謝 謹狀.

산승은 세월 잊고	山僧忘歲月
나뭇잎으로 봄을 기억하네	惟記葉間春
(후략)	《지봉유설芝峯類說》

　이 두 수의 시에서 느껴지듯이 지리산 깊은 골은 사람과 동떨어진 곳으로 태초의 자연 속에서 한 잔의 차를 마시니 신선이 된 듯, 난세를 피해 자연 속에서 안빈낙도安貧樂道의 삶을 추구하고자 하는 고운 최치원의 도가적 자연주의 사상을 엿볼 수 있다. 최치원은 가족을 데리고 가야산 해인사로 들어가 은거하다가 그곳에서 여생을 마쳤는데, 죽지 않고 신선이 되었다는 설도 있다.

　오늘날까지 지리산 고운동 계곡의 만개한 차나무는 최치원이 타국에서의 외로움과 기울어가는 나라에서 어찌할 수 없는 지식인의 아픔을 전해주는 듯하다.

2. 고려시대 차인 이야기

고려시대는 차가 널리 확산되고 다양하게 발전한 차의 대중화 시기이다. 여러 국가행사에 쓰였을 뿐만 아니라, 임금이 공신들에게 하사품으로 내리기도 하였다. 왕실을 비롯한 부유층은 물론 평민에게까지 차마시는 풍습이 널리 퍼져 민간에는 다점茶店■1이 생겨났고, 국가 차원에서 차를 다루는 관청인 다방茶房■2이 있었다. 이러한 차문화의 발전은 도자기 문화에도 큰 영향을 미쳤다. 각종 다기에 미적인 요소가 가미되어 고려청자와 같은 최고의 예술작품이 탄생했다고 본다.

🌿 검소하고 소박한 선승

• 자연과 통합을 이룬 진각국사眞覺國師

혜심慧諶 진각1178~1234은 어린 나이에 아버지를 여의고 출가를 원했으나 어머니가 허락하지 않아 사마시에 합격하여 태학에 들어갔다. 이듬해 어머니가 돌아가시자 수선사지금의 송광사 지눌知訥 스님을 찾아가 제자가 되었다. 그는 국사라는 최고의 위치에 있으면서도 늘 청빈한

■1 오늘날의 찻집과 같은 형태로 사람들은 다점에서 돈이나 베를 주고 차를 구입했다.
■2 고려시대에 차와 어약御藥에 관한 일을 맡아보던 관청으로, 외국사신과 백관의 향연享宴이나 의식에 사용되는 차를 관리하였으며, 왕실의 주과酒果도 관장하였다고 한다.

삶을 살았다. 〈전물암에서〉라는 시를 보면 이 빠진 찻잔과 발 부러진 솥에 차 달이고 죽 끓이는 스님의 모습이 눈앞에 있는 듯 그려진다.

전물암에서 寓居轉物庵

오봉산 앞에 해묵은 바위굴,	五峰山前古岩窟
그 가운데 암자 하나	中有一庵名轉物
내가 이 암자에서 살기로 작정했지.	我捿此庵作活計
허나 나는 크게 웃을 뿐 조잘거리지 않아.	共可呵呵難吐出
이 빠진 차 잔과 발 부러진 솥으로	缺唇椀折脚鐺口
죽 끓이고 차 달이며 소일한다네.	煮粥煎茶耶遣日

(후략)   《대동영선大東詠選》

• 걸림이 없는 원감국사 圓鑑國師

충지沖止 원감1226~1292은 고려시대 선승禪僧으로 속명은 위원개魏元凱이다. 고종 13년1226 전남 장흥군에서 태어났다. 어려서부터 선림禪林에 나아가 득도하기를 원했으나 양친이 허락하지 않아 관직에 몸을 담았다가 29세에 원오국사圓悟國師 문하에 들어가 승려가 되었다.

전남 승주 정혜사定慧寺에 머물 때 원나라 총관부가 사찰에 설치되어 군량미 명목으로 전답을 거두어 가자 원나라 세조에게 표表를 올려 빼앗긴 전답을 돌려받았다 한다.

국사는 검소하며 소박한 산중생활을 차와 함께 했다. 백련암에 있을 때 차를 달이며 읊은 시는 원감국사의 아무런 걸림이 없는 자유와 내려놓은 마음의 경지를 볼 수 있다.

산중락 山中樂

밥 한 바리와 나물 한 접시,	飯一盂蔬一盤
고프면 먹고 곤하면 자노라.	飢則食兮因則眠,
물 한 병과 차 한 냄비,	水一缾茶一銚
목마르면 들고 나와 손수 차를 달인다.	渴則提來手自煎

《원감국사집圓鑑國師集》

🌿 차와 함께 한 고려 문신들

• 자연철학자 김극기 金克己

노봉老峰 김극기1150~1209는 일찍이 과거에 급제는 하였으나 바로 관직에 나가지 못하고 무신들이 득세하던 명종 때 비로소 한림翰林이 되어 금나라에 사신으로 다녀왔다. 특히 그의 문장은 권력을 탐하기보다는 핍박받는 농민들의 아픔을 고민했던 마음을 보여준다. 차를 즐긴 그는 자연으로 돌아가고 싶은 심정을 시어로 그렸다.

용만잡흥 오수 龍灣雜興 五首

(전략)

우연히 산속 스님을 찾아	偶尋林下僧
빈 밭이랑, 푸른 구름인 듯 밟고 간다.	空畔躡雲碧
절벽에 쓰인 시를 살펴보니	因窺碧間詩
오언시가 모두 좋구나.	五言皆破的
알겠네 어느 탈속한 선객이	始知方外客
나보다 먼저 다녀간 것을	先我已探歷

이런 사람, 틀림없이 탈속한 분이라	斯人定淸曠
찻자리 같이 못해 한스럽구나.	恨不同茗席

(후략)

《동문선東文選》

김극기는 지인과 함께 마시는 찻자리의 편안함을 즐겼으며 특히 차 맛의 근원은 물이라는 것을 강조하여 《동국여지승람東國輿地勝覽》에 "어찌 알았으랴 한번 웃고 빛난 모습 서로 대하여 종일토록 흐뭇한 마음 즐겁게 자리에 마주 앉았네. 입계효溪 산꼴짜기에서 곧게 자란 푸른 차 혜산천惠山泉, 송나라 구양수가 차를 끓이던 샘물으로 끓이니 주발 위에 쏴쏴하게 소나무 바람소리 불어오누나."라고 하였다. 그 외 〈박금천■1 제함〉이란 시를 보면 냇물로도 차를 우려 마셨다는 것을 볼 수 있다.

박금천에 제함題薄金川

한 줄기 빠른 시내 근원지는	一道飛川始發源
인가가 끊어진 유산 백 리	紅衢斷處乳山根
달고 서늘한 맛 차 달이기에 알맞아	甘凉氣味宣烹茗
도시 사람들 떠들썩하게 길어 가는구나.	苦被都人汲引喧
이 물줄기 근원은 어디인가.	一水來從何處源
유산 아래 흰 구름의 뿌리이지	乳山山下白雲根
차 달이려고 곳곳의 사람들 길어가니	試茶處處人相汲
오고 가는 사람들 온종일 떠들어대네	人去人來盡日喧

(후략)

《신증동국여지승람新增東國輿地勝覽》

• 고려정원과 차실을 짓다, 이자현李資玄

식암息庵은 이자현1061~1125은 고려시대 중기의 문신이며 학자이다. 문종 37년1083 과거에 급제하였으나 한림원 초기 시절부터 은거하는 삶을 동경했다. 당시 정치와 사회가 어지럽고 불교계의 종파싸움에 마음이 편하지 않자 은거할 경승지를 찾다가 마침내 경운산에 이르러 선경임을 확인하고 선원을 꾸몄다. 그는 선仙 수행을 하면서 수많은 전각과 정사를 새로 지었으며 정원과 영지를 조성하였는데 문수원文殊院[2]이라는 고려정원이 유명하다.

그는 겨우 무릎을 꿇을 수 있는 식암息庵을 짓고 먹고 입기를 검소하게 하고 참선하며 며칠 동안 움직이지 않았다고 전한다. 청평식암淸平息庵은 후일 매월당 김시습이 자주 드나들었던 곳이기도 하다. 한편 《고려사高麗史》와 《고려사절요高麗史節要》에는 이자현이 번잡하고 화려한 것을 싫어하고 한가하고 자적하는 삶을 좋아했지만 사실 성품은 정반대였다고 적혀 있다. "이자현은 성품이 인색해 재물 모으는 것을 좋아하고 곡식을 쌓아두니, 백성들은 괴로워하고 그를 싫어했다."고 하는데 이는 어쩌면 자신이 조성하고 있는 정원과 건축물을 지으려는 자금 마련의 방법이 아니었을까?

• 차와 술을 노래한 이규보李奎報

백운白雲 이규보1168~1241는 고려 의종 22년1168 12월 경기도 여주에서 태어났다. 어려서부터 시와 문장에 뛰어나 유학과 불교는 물론 어

■1 송나라 구양수가 차를 끓이던 샘물.
■2 춘천 오봉산 청평사의 옛 명칭으로 이자현의 호 청평거인에서 유래하였다.

떤 문헌도 한 번만 읽으면 모두 기억하니 사람들이 기동奇童이라 하였다. 하지만 실전에는 약했을까? 과거 시험에 3번이나 떨어지기도 하였다. 이규보가 활동하던 시기는 무인정권 시대로 정치적으로 극심한 혼란과 부패가 난무하던 때였다. 그는 술과 차를 좋아하고 승속을 가리지 않는 호탕한 성격으로 많은 지인과 시를 주고받았는데 37편이 전한다. 이규보의 차시는 다양한 다구와 차의 모양, 철병鐵瓶 등 고려시대 차생활 전반을 유추할 수 있게 해준다.

남쪽 사람이 보낸 철병을 받고 기쁜 마음에 차를 다리며 쓴 〈득남인소향철병시차得南人所餉鐵瓶試茶〉에 그의 차도구 사랑이 확연하게 나타난다.

득남인소향철병시차得南人所餉鐵瓶試茶

맹렬한 불에 거센 쇠를 녹여내어서	猛火服悍鐵
속을 파내어 이 단단한 것을 만들었네	刳作此頑硬
부리는 길어 학이 돌아보는 듯하고	喙長鶴仰顧
배는 불룩하여 개구리가 우는 것 같네	腹脹蛙怒迸
자루는 뱀의 꼬리 구부러진 듯하고	柄似蛇尾曲
목은 오리의 목에 혹이 난 것과 같네	項如鳧頸瘦
우묵하기는 입 작은 항아리와 같고	窪却小口甄
다리가 긴 솥보다 훨씬 안전하다네	安於長脚鼎

《동국이상국집東國李相國集》

유난히 차와 술을 사랑한 이규보는 지우들과 노닐기 위한 정자 '사륜정'을 짓는 데 기발한 아이디어를 제시하기도 했다. 《사륜정기四輪亭記》

에서 정자를 만드는 이유와 활용법 등을 밝혔다. "땅에 고정된 정자는 사철 경관을 누리는 데 한계가 있고 여러 곳을 유람하기에 불편하여 6개의 바퀴를 달아 움직이도록 하였으며 6명이 거처할 수 있게 했다." 사륜정은 벗들과 산수의 즐거움을 마음껏 누리고자 하는 선비의 이상적인 삶을 담고 있으니 시공간을 뛰어넘는 최초의 캠핑카인 것이다.

이규보의 또 다른 일면은 〈운봉에 있는 노규 선사가 조아차孛芽茶를 얻어 나에게 보이고 유차孺茶라 이름을 붙이고서 시를 청하기에 지어 주다雲峯住老珪禪師 得早芽茶示之 予目爲孺茶 師請詩爲賦之〉라는 시에서 볼 수 있다. 여기에서는 고려시대의 차 생산, 차 마시는 풍습에 대한 이규보의 생각이 잘 드러난다.

운봉에 있는 노규 선사가 조아차를 얻어 나에게 보이고
유차라 이름을 붙이고서 시를 청하기에 지어 주다

(전략)

근래 세속의 풍습은 기이한 것을 좋아하니	邇來俗習例好奇
하늘도 사람이 마음으로 좋아하는 것을 따르네	天亦隨人情所嗜
짐짓 건계의 차가 이른 봄에 싹트게 하니	故敎溪茗先春萌
황금 같은 노란 싹이 봄눈 속에 자랐네	抽出金芽殘雪裏

(중략)

천신만고 끝에 따다가 둥글게 만들어	辛勤採摘焙成團
달려가서 첫 번째로 천자에게 드리려 하니.	要趁頭番獻天子
선사는 어디에서 이런 물건을 얻었던가	師從何處得此品
손에 넣자 놀랍게 향기가 코를 찌르도다	入手先驚香撲鼻
벽돌 화로에 불을 붙여 한 번 끓여내어	塼爐活火試自煎

꽃무늬 자기 잔에 따르니 색과 맛이 뛰어나네　　　手點花瓷誇色味

《동국이상국집》

한편 고려 중·후기에는 차 마시는 풍습이 널리 퍼지고 권력가들이 즐기는 차문화가 사치해짐에 따라 백성들은 차세茶稅로 인해 많은 고통을 겪었다. 이러한 현실을 가슴 아프게 보았던 이규보는 손한장에게 '과도한 차세를 금하도록 힘써 달라'는 내용의 시 〈손한장부화차운기지孫翰長復和次韻寄之〉를 보냈다.

손한장부화차운기지孫翰長復和次韻寄之

(전략)

옛일 생각하니 서럽게 눈물이 나네	懷舊悽然爲酸鼻
운봉의 독특한 향취 맡아보니	品此雲峯未嗅香
남방에서 마시던 맛 완연하구나	宛如南國曾嘗味
따라서 화계에서 차 따던 일 논하네	因論花溪採茶時
관에서 감독하여 아이와 노인까지 데려갔네	官督家丁無老稚
험준한 산중에서 간신히 따 모아	瘴嶺千重眩手收
머나먼 서울에 등짐 져 날랐다오	玉京萬里頳肩致
이는 백성의 애끊는 피와 고름이니	此是蒼生膏與肉
수많은 사람의 피땀으로 바야흐로 이르렀네	臠割萬人方得至
한 편 한 구절이 모두 뜻 있으니	一篇一句皆寓意
시의 육의 이에 갖추었구나	詩之六義於此備
농서의 거사는 참으로 미치광이라	隴西居士眞狂客
한평생을 이미 술 나라에 붙였다오	此生已向糟丘寄

술 얼근하매 낮잠이 달콤하니	酒酣謀睡業已甘
어이 차 달여 부질없이 물 허비할쏜가	安用煎茶空費水
일천 가지 망가뜨려 한 모금 차 마련했으니	破却千枝供一啜
이 이치 생각한다면 참으로 어이없구려	細思此理眞害耳
그대 다른 날 간원에 들어가거든	知君異日到諫垣
내 시의 은밀한 뜻 부디 기억하게나	記我詩中微有旨
산림과 들판 불살라 차세가 금지한다면	焚山燎野禁稅茶
남녘 백성들 편히 쉼이 이로부터 시작되리	唱作南民息肩始

《동국이상국집》

차를 매우 사랑함에도 이로 인하여 고통받는 백성들을 생각하면 불살라 버림이 더 좋을 것이라는 이규보의 아픈 호통이 들리는 듯하다.

• 정도와 참됨을 지키는 수양의 차, 이색李穡

목은牧隱 이색1328~1396은 고려 말 지조 높은 선비로서 오늘날까지도 충의와 절개의 상징으로 추앙받는 문인이다. 이색은 고려시대 말차의 종류와 다도구 등을 알 수 있는 다시 여러 편 남겼다. 찻종을 보내준 이우량에게 시로 고마운 마음을 표현했는데, 선물 받은 찻잔을 보는 이색의 마음은 인적 드문 계룡산 자락에 앉아 흐르는 강에 비친 달빛에 있음을 표현하였다.

이우량으로부터 편지와 찻종을 받고得堂弟李友諒書及茸鍾一雙

평안하다는 소식을 들으니 더욱 기쁘고	得閱平安喜已多
차 종을 보내 삿된 마음이 없어지네	茶鍾照目便無邪

| 계룡산 아래에는 인기척이 드물고 | 鷄龍山下人烟少 |
| 앉아 긴 강을 생각하니 달빛이 젖어 드네 | 坐想長江浸月華 |

《목은시고詩藁牧隱》

    지기인 개천사의 행제선사가 보내준 차를 마시며 영아차嬰兒茶의 맛을 표현한 시에서도 차인으로써 다선일미茶禪一味의 경지에 오른 이색의 모습이 드러난다.

주필로 대서하여 개천의 행재 선사가

차를 부쳐 준 데 대하여 답하다 代書答開天行齋禪師寄茶走筆

동갑의 늙은이라 더욱 친숙하여	同甲老彌親
영아차 맛 저절로 참되도다.	靈芽味自眞
양 겨드랑이에 맑은 바람 일어나	清風生兩腋
바로 고결한 사람 찾아뵙고 싶네.	眞欲訪高人

《목은시고》

    이색은《다후소영茶後小詠》에서 정성을 다해 끓인 차는 코로 향기를 맡고 눈은 편견이 사라지고 몸 밖의 티끌도 보이지 않는다고 하였다. 또 차를 마시면 살과 뼈가 바로 되고, 마음은 맑고 깨끗하게 되어 차 마시는 일을 군자가 되는 길이라고 역설하였다. 〈영험한 샘靈泉〉이란 시에서는 "차를 우리는데 좋은 물이 나오는 샘에 학 조각상이 있는데, 그 학의 부리에서 나는 샘물을 받아 차를 우려 마시면 마치 곤륜산의 신선이 된 듯하다."고 하면서 물이 차 맛에 중요한 역할을 한다고 하였다.

영험한 샘 靈泉

학이 쪼아서 맑은 샘물이 나오니	鶴喙清泉出
서늘한 기운이 폐부에 와 닿네	冷然照肺附
마시면 뼈까지 신선이 되려하고	飲之骨欲仙
사람으로 하여 현포 곤륜산에 있다는	
선경을 생각하게 하네	令人想玄圃
어찌 오직 시 짓는 창자만을 씻으랴	豈惟洗詩脾
병마도 가히 물리칠 수 있으리	可以却二竪
평생 청정한 일 좋아하니	平生愛清事
다보를 이어서 쓰고 싶다네	有意績茶譜
내 의당 차 끓일 돌솥을 들고 가서	當攜石鼎去
소나무 가지 끝에 날리는 비를 보리라	松梢看飛雨

《목은시고》

3. 조선시대 차인 이야기

조선시대 선비들의 차문화 생활은 군자가 되고자 하는 수양의 행위이자 여가생활이었다. 특히 고려 말, 조선 초 지식인들은 시대적 소용돌이 속에서 마음을 다스리기 위한 자기수양과 더불어 자연 그리고 인간과의 소통을 위해 차를 즐겨 마셨다. 또한 사신외교 및 무역을 중심으로 중국과 일본의 차가 유입되어 다양한 차를 즐겼다. 그 흔적을 차인들이 남긴 시를 통해 찾아본다.

새로운 시대와 만나다

• 시선詩仙의 경지에 오른 서거정徐居正

사가정四佳亭 서거정1420~1488은 평생 시 짓기를 좋아하여 1,100여 편의 시를 썼는데 그 중 다수의 차시를 남겼다. 그의 차시 중에 〈전다煎茶, 차 달이기〉를 살펴보면 그가 단순히 차를 즐길 뿐 아니라 깊이 탐구하였다는 것을 알 수 있다.

전다煎茶

용단은 제일 유명한 것이고	龍團名第一
운각과 설아 또한 싱그럽구나	雲脚雪芽新
좋은 물로 처음 딴 차를 달이니	活水煎初細

마른 창자엔 차맛이 더욱 또렷하구나	枯腸味更眞
노동의 시는 읊을수록 졸렬해지고	盧詩吟轉苦
육우의 다경 또한 모두가 장황한 말이로다	陸譜語皆陳
사마상여가 앓았던 오래된 소갈증에는	司馬長年渴
스스로 마시는 것이 제일이라	惟宜自酌頻

《사가시집四佳詩集》

서거정의 삶에 있어 차는 일상생활이기 때문에 다양한 방법으로 차를 달여 마셨다. 때로는 차를 다릴 때 생강을 첨가해서 마시기도 했다. 그의 시 〈사잠상인혜작설차謝岑上人惠雀舌茶〉에 "눈 녹인 맑은 물에 생강을 곁들여 달이니雪水淡煮兼生薑"라는 시구가 있다. 생강은 따뜻한 기운을 지닌 대표적인 약재로 눈 녹인 물과 작설차의 찬 기운을 중화시키고자 한 것이 아닐까 한다. 서거정은 매월당 김시습과도 매우 친분이 두터워 차로 서로의 흉금을 나누었다.

• 차를 기르고 차를 만들며 차로 생애를 보낸 김시습金時習

매월당梅月堂 김시습1435~1493은 생육신生六臣 중 한 사람으로 유학자이며 승려이다. 그는 일생에 걸쳐 차와 함께 한 차인으로 80여 수에 이르는 많은 차시茶詩를 남겼다. 당시 차를 좋아한 선비들은 대부분 마시는 소비자였다. 그러나 매월당이 차 심기, 차 기르기, 차 따기, 차 만들기, 차를 우리는 물, 차 도구, 차 달이기, 차 마시기 등의 시를 쓴 것을 볼 때 그는 총체적이며 실증적實證的인 차인이라고 할 수 있다. 그는 시 〈양다養茶〉에 차나무를 기르는 방법을 남겼다.

양다 養茶

해마다 차나무 새 가지 자라는데	年年茶樹長新枝
그늘에 키우느라 울을 엮어 보호하여	蔭養編籬謹護持
육우 다경에는 색과 맛을 논했는데	陸羽經中論色味
관가에서는 창기만 취한다네	官家榷處取槍旗
봄바람 불기 전에 싹이 먼저 피고	春風未展芽先抽
곡우 돌아오면 잎이 반쯤 피어나네	穀雨初回葉半披
조용하고 따뜻한 작은 동산을 좋아하니	好向小園閑暖地
비에 옥 같은 꽃 드리워도 무방하리니.	不妨因雨着瓊蕤

《매월당시집梅月堂詩集》

그는 정성스럽게 차나무를 기르며 그늘에서 차광遮光재배■1를 했다. 또 관가에서 어린 싹과 작은 잎만을 취하는 것에 대하여 마땅치 않아 했던 김시습은 〈작설崔舌〉이란 시를 남겼다. 이 시에서는 이른 봄 아직 추위가 가시지 않은 시기에 막 피어난 찻잎의 모양을 새의 부리에 비유했다.

작설 崔舌

남국의 봄바람 가볍게 불려할 제	南國春風軟欲起
차나무숲 잎새 아래 뾰족한 부리 숨겼네.	茶林葉底舍尖觜
(중략)	
속인이 찾아 조금 맛보니 멋없는 사람이라 할까	黨家淺斟彼粗人
어찌 작설차가 이리 맑은 줄을 알 수 있으랴	那識雪茶如許清

《매월당시집》

이외에도 〈죽견竹筧〉이란 시를 보면 매월당은 일찍이 차 맛은 물과 불에 의해서 달라진다는 이치를 알고 대나무를 쪼개 연결한 홈통을 이용해 좋은 샘물을 받아 사용하였고 ■2 땅화로地爐를 이용해 차를 달였다. 이런 매월당의 차생활은 일본 차문화에도 영향을 미쳤으리라 짐작된다.

일본 스님 준장로와 이야기하며與日東僧俊長老話

고향을 멀리 떠나오니 감회가 쓸쓸도 하여	遠離鄕曲意蕭條
옛 부처 산 꽃 속에서 고적하게 보낸다	古佛山花遣寂寥
쇠 다관에 차를 달여 손님 앞에 내 놓고	鐵罐煮茶供客飮
질화로에 불을 더해 향을 사르네	瓦爐添火辦香燒
봄 깊으니 바다의 달 쑤욱 대문에 들어오고	春深海月侵蓬戶
비 그치니 산 사슴이 약초싹을 밟는구나	雨歇山麕踐藥苗
선의 경지나 나그네 마음 모두 아담하니	禪境旅情俱雅淡
밤새워 이야기 나누어도 무방하리라	不妨軟語徹淸宵

《매월당시집》

이 시에서 나타난 '준장로俊長老'는 일본 사절로 1463년 조선을 방문하여 그 이듬해 봄, 경주 용장사에 있는 매월당을 찾아간다. 당시 매월당은 방에 땅화로地爐를 묻어두고서 난방과 취사를 겸하였으며 손님이 오면 그 화로를 이용해 차를 끓였다. 이는 오두막과 초당, 승려들의 토굴 등 주거시설은 호화 수입품인 당물唐物이 없으면 안 된다던 일본 사

■1 차나무 위에 빛 가림을 해 주는 차광재배는 엽록소 함량을 높여주고 차의 성분인 테아닌의 파괴를 막아 좋은 차를 생산할 수 있는 방법이다.
■2 《梅月堂詩集卷之四》〈竹筧〉, 刳竹引寒泉 琅琅終夜鳴 轉來深澗澗 分出小槽平.

원다도寺院茶道가 승려들에 의해 초암차草庵茶 문화로 거듭나는 밑바탕이 되었다고 볼 수 있다.

• 백성의 마음을 헤아려 차밭을 가꾸다, 김종직金宗直

점필재佔畢齋 김종직1431~1491은 조선 전기 영남학파의 시조이다. 1471년 함양군수로 부임하였는데 백성들이 차세로 인해 고통받고 있음을 보고 안타까워했다. 고심하던 중 《삼국사기》에서 신라 때 당나라에서 차씨를 가져와 지리산 부근에 심었다는 기록을 보게 된다. 그는 곧바로 관 내에 있는 엄천사 근처에서 차나무를 찾아내어 관영 차밭을 조성하고 이곳에서 생산된 차를 차세로 바쳤다. 특히 "차밭을 만들려고 하는 근방이 모두 백성들의 밭이라 관전官錢으로 보상하고 사들였다."고 하니 백성을 사랑하는 마음이 각별한 목민관이라고 볼 수 있다.

다원에 대하여 두 수를 짓다茶園二首

신령한 싹 올려 성군께 축수코자 하는데	欲奉靈苗壽聖君
신라 때의 남긴 종자 오랫동안 못 찾았다가	新羅遺種久無聞
지금에야 두류산 밑에서 채취하고 보니	如今擷得頭流下
우리 백성 일분의 힘 피일 것이 우선 기쁘네	且喜吾民寬一分
죽림 밖 황량한 동산 두어 이랑 언덕에	竹外荒園數畝坡
붉은 꽃 검은 부리가 어느 때나 무성할꼬	紫英烏觜幾時誇
다만 백성의 몸과 마음을 치유하게 할 뿐이요	但令民療心頭肉
속립아 좁쌀처럼 작고 여린 찻잎	不要籠加粟粒芽
바구니에 담아 진상하기는 바라지 않네	

《점필재집佔畢齋集》

그는 영남사림의 영수로 문하에 김굉필, 정희량 등 많은 차인들이 있는데 우리나라 최초의 차 연구서《다부茶賦》를 지은 한재 이목도 그의 문하에서 공부한 제자이다.

• 차를 탐구하다, 이목李穆

한재寒齋 이목1471~1498은 우리나라 최초의 다서《다부》를 남긴 차인으로 28년의 짧은 생을 격하게 살다간 차인이다. 19세에 진사시에 합격해 성균관 유생으로 언행과 주장이 정중하고 의기가 준엄해 동료들의 추앙을 받았다.

차와 관련된 논문이라 할 수 있는《다부》는 차의 품종과 산지, 바람과 빛, 차 달이기와 마시는 방법, 차의 공과 덕을 말한〈오공육덕五功六德〉마지막 장은 차의 정신인 오심지차吾心之茶로 마무리한다.《다부》는 초의草衣 의순意恂의《동다송東茶頌》보다 350년 전에 쓴 1,332자의 짧은 글로 이목의 선비사상과 도학정신을 알 수 있다.

이목이 남긴 차시 중 동생에게 쓴 시 한 수를 보면, 세상사에 한눈 팔지 말고 도를 한결같이 구하라며 달밤에 길 떠나는 동생에게 차를 끓여주면서 시로서 당부한 듯하다.

동생 미지가 송경에 가서 독서하도록 보낸다 送舍弟微之之松京讀書 微之

이씨 집안은 예부터 글배우기 힘썼기에	李氏自文學
글을 사랑하지 재물을 탐하지 않았노라	愛書不愛金
부모님 이제 백발이신데	爺孃已白首
너와 나는 아직 유생의 몸이구나	吾汝猶青衿
바위 옆 노송 위에 학의 꿈 영글고	鶴夢巖松老

차 달이는 연기는 골짜기 달빛 아래 흐르도다	茶煙洞月陰
도를 구함에 한결같이 하고	懇懇求道處
구름 가는 산봉우리에 한 눈 팔지 말게나	且莫看雲岑

《이평사집 李評事集》

• 차를 달이다, 정희량鄭希良

허암虛庵 정희량1469~1502은 점필재 김종직의 문하로 27세에 과거에 급제하였으나 성종이 죽은 뒤 유배지를 전전하였다. 그는 도학에 매우 정통하여 도道와 선仙, 단丹 등 한국정신수련 분야에서도 중요한 부분을 차지하고 있다.《허암유집虛庵遺集》에 수록된〈독좌전다 봉정매계獨坐煎茶 奉呈梅溪〉라는 시에서 여관旅館에서 홀로 졸음을 쫓기 위해 차를 손수 다렸는데 그 맛이 좋아 신선 세계에서 노닐다 온 듯하다고 스스로 차 맛을 평가하였다. 특히 그의 시 중에서도〈야좌전다夜座煎茶〉는 조선 차인들이 즐긴 다법을 볼 수 있는 최고의 차시라고 본다.

밤에 앉아 차를 다리며 夜座煎茶

밤이 얼마쯤 되었나, 눈이 오려 하는데	夜如何其天欲雪
청등 고옥에 추워서 잠 안 오네	淸燈古屋寒無眠
상머리에 이끼 돋은 낡은 병을 가져다가	手取床頭苔蘚腹
푸른 바다 같은 맑은 샘물을 쏟아 넣고	瀉下碧海冷冷泉
문무 화력을 알맞게 피우니	撥開文武火力均
벽 위에 달 떠오르고 연기 폴폴 생기네	壁月浮動生晴煙
솔바람이 우수수 빈 골짝에 울리는 듯	松風颼颼響空谷
폭포수가 좌좌 긴 내에서 떨어지는 듯	飛流激激鳴長川

뇌성·번개 한참 우루룽 땅땅하더니	雷驚電走怒未已
급히 가던 수레가 덜커덕 넘어지는 듯	急輪轉越轔轅巓
이윽고 구름이 걷히고 바람도 자니	須臾雲捲風復止
물결이 일지 않고 맑고 잔잔하네	波濤不起淸而漣
바가지에 쏟아 놓으니 눈 같은 흰빛	大瓢一傾氷雪光
간담이 횅 뚫리어 신선과도 통함직	肝膽炯徹通神仙
천천히 마시며 혼돈 구멍을 뚫어내고	徐徐鑿破渾沌竅
홀로 신마를 타고 선천 세계에 노니네	獨馭神馬游象先
(후략)	《속동문선續東文選》

🌿 시대를 앞선 가족

• 영수합令壽閣 서徐씨와 가족

영수합 서씨1753~1823는 조선 후기 명문장가로 이름을 날렸던 홍석주의 어머니이다. 조선시대 성리학 이데올로기에서 양반이라 할지라도 여성들은 학문 활동에 많은 제약이 있었다. 아들 홍석주는 어머니가 시집와서 10년이 넘도록 사람들은 서씨가 글을 아는 사실을 몰랐다고 적고 있다.

남편 홍인모는 시 짓기를 좋아했는데 "늦은 나이에 함께 시를 주고받을 사람이 없자 억지로 부인에게 시 짓기를 권하면서 당율시唐律詩 한 권을 줬다. 부인 서씨는 당율시를 독파한 지 열흘도 못 되어 바로 율시를 지었다." 한다. 영수합 서씨는 드러내기를 싫어했으나 남편이 자녀들에게 몰래 받아 적게 하여 200여 편의 시가 남아 있는데 그 중

다시茶詩 몇 편이 있다. 평상시 영수합 서씨의 가족은 둘러앉아 차와 술을 마시고 거문고를 타며 시를 지어 읊었다. 우리나라 최초 가족 창작물로 현대 가족이 추구하는 모습일 것이다.

남편 홍인모의 시문집《족수당집足睡堂集》제6권에 수록된 〈정야팽다靜夜烹茶〉에 "작은 차 화로 불 지피기 몇 년이던가?幾年丈火小茶爐 …… 답청■1 가는 길, 내일은 차호를 가져가리踏靑明日更携壺"라는 구절에는 삼짇날음력 3월 3일 봄 차놀이를 기다리는 영수합 서씨의 설레는 마음이 담겨 있다.

홍인모아버지 : 만나서 실컷 웃으며 떠들었고	相看歡笑沾
영수합어머니 : 단란하게 둘러앉아 밤새도록 술을 권했네	團坐醉醒斂
영수합어머니 : 붓을 휘둘러 시를 짓는데	揮芼騁詞苑
홍석주큰아들 : 제때 못 지으면 벌주를 마신다.	傾壺報漏籤
홍석주큰아들 : 섬돌을 에워싼 훌륭한 자녀들이	繞階羅寶樹
홍길주둘째아들 : 진수성찬 갖추어 바치는구나	供膳和晶塩
홍길주둘째아들 : 향기로운 차 끓었음에 시상이 넘치고	茶孰詩腸潤
홍원주큰딸 : 맑은 거문고 곡조는 미인이 타는구나	琴淸玉手纖
홍원주큰딸 : 흐뭇하고 흐뭇하여 참으로 즐거우니	怡怡眞可樂
홍현주큰딸 : 가면 갈수록 재미에서 헤어날 수 없구나	去去不辭淹
홍현주셋째아들 : 일어나 하늘 보니 은하수 기울었는데	起視銀河轉
홍인모아버지 : 달에게 물어 본다 얼마나 즐거워 보였는지	佳懷問老蟾

《유한당 시집》〈연구聯句〉

🌿 차로 맺은 인연

강진은 조선 후기 차문화에 있어 핵심지역이라 할 수 있다. 조선의 차문화는 임진왜란과 병자호란으로 인해 흔적을 찾기 어려울 정도로 겨우 명맥을 유지하다가 영·정조 시대 경제가 안정되며 중흥의 기회를 얻는다. 이때 강진에서 우리 차문화사에 큰 획을 긋는 역사적 만남이 이루어지니 바로 다산 정약용과 아암 혜장, 그리고 초의 의순의 만남이다. 초의는 이후 정약용의 큰 아들 학유의 소개로 추사 김정희를 만나게 되는 데 이 세 사람은 모두 동갑내기로 평생 우의를 다졌다.

• 차와 학문으로 인연을 맺다, 정약용丁若鏞과 혜장惠藏

다산茶山 정약용1762~1836은 어려서부터 신동으로 이름을 날렸다. 성균관 시절부터 정조에게 총애를 받은 다산은 정조의 개혁정치를 현실로 이루어내는 데 큰 공헌을 했다. 그러나 천주교와 얽힌 여러 인연들로 인하여 평소 질시하던 이들의 모략으로 경상도 장기로 유배를 갔다가 또다시 전라도 강진으로 이배를 가게 된다.

몸과 마음이 쇠약한 상태에서 강진으로 유배된 다산은 그곳에서 아암兒庵 혜장1772~1811을 만난다. 다산은 외로운 유배지에서 혜장과 주역을 논하며 차를 나누었고, 평소 유학儒學에 관심이 많았던 혜장은 정약용을 통해 새로운 세계를 탐닉할 수 있었다. 혜장은 다산초당■2근

■1 답청踏靑은 음력 3월 3일이나 청명일淸明日에 산이나 계곡으로 가서 먹고 마시며 봄의 경치를 즐기는 풍속을 말한다.

■2 귤림처사橘林處士 윤단尹慱.1744~1821의 별장이었으나 후에 다산이 유배기간 동안 그곳에 머물면서《목민심서》등 다양한 책을 썼다.

처 백련사 주지로 있는 동안 직접 만든 차를 다산에게 보내곤 했다. 다산은 옥사로 인한 모진 고문과 오랜 유배생활, 억울함으로 얻은 병 때문에 늘 여러 통증과 우울증에 시달렸는데 의학에도 능했던 그는 평소 이를 차茶로 다스렸다. 어느 해 흉년이 들어 차를 구할 수 없게 되자 다산은 혜장에게 차를 구하는 간절한 마음을 담아 〈걸명소乞茗疎〉를 지어 보내며 차를 청했다.

혜장 상인에게 보내 차를 빌다 寄贈惠藏上人乞茗
(전략)

산에 사는 기공의 힘을 빌려	庶藉己公林
육우의 솥에다 그를 좀 앉혀보았으면	少充陸羽鼎
그를 보내주어 병만 낫게 만들면야	檀施苟去疾
물에 빠진 자 건져줌과 뭐가 다르겠는가	奚殊津筏拯
불에 쪄 말리기를 법대로 해야지만	焙晒須如法
물에 담갔을 때 빛이 해맑다네	浸漬色方瀅

《다산시문집茶山詩文集》

정약용은 다산초당으로 거처를 옮기면서 그곳에서의 차생활을 《다산시집》에 남겼다. 그가 강진 마을 안에 머물렀을 때는 차를 접하기 힘들었으나 자신의 외가 해남 윤씨 윤단의 초당으로 옮기면서 그는 주변에서 수많은 차나무가 자생하고 있음을 발견한다. 초당의 뒷산 석름봉은 차나무가 많아 다아산茶芽山이라고 불릴 정도였다. 정약용은 뛸 듯이 기뻐하며 초당 주변에 차밭을 조성하는 한 편 꽃과 나무를 심고, 연못을 파서 못 안에 석가산石假山을 쌓고, 샘물 약천藥泉을 고치는 한편

초의 〈백운동첩〉, 출처 : 예술의전당 서예박물관

돌을 구해 뜰에 다조茶竈, 찻일을 할 수 있도록 널찍하고 평평한 돌 부뚜막를 만들었다. 본격적인 차생활을 시작한 것이다.

다산은 철저한 실학자이다. 단순히 차를 즐기는 것을 넘어 실질적인 산업으로 육성하여 나라 경제에 보탬이 되는 길을 모색했다. 그는 이를 위해 《경세유표經世遺表》에서 우리 차나무를 재배하고 잘 관리하여 중국의 말과 바꾸어 나라 살림에 보탬이 되도록 해야 한다는 다마무역茶馬貿易을 제안하였으며 〈각다고榷茶考〉로 중국 당·송·명 때의 차세茶稅와 전매專賣제도를 정리하기도 하였다.

기초 작업으로 순조 1년1818 그는 제자 18인을 중심으로 다신계茶信契를 만들었다. 요즘으로 말하면 영농조합일 것이다. 여기서 생산하는 차는 자체 소비도 하지만 최초로 자신의 제다製茶 방법을 브랜드화하여 제품으로 판매했다. 다산의 제다법으로 만든 차는 만불차萬佛茶,[1] 황차黃茶인 정차丁茶,[2] 명차名茶, 금릉월산차金陵月山茶[3]가 알려졌다. 판매이익은 다신계 운영과 차밭관리 생산에 쓰도록 하였으니 앞서간 그의 면면은 참으로 놀랍다.

• 차로 이어진 영원의 동반자, 초의草衣와 추사秋史

초의 의순意恂,1786~1866은 해남 대흥사 일지암一枝庵을 중심으로 40여 년 동안 선 수행과 차생활을 하였으며, 직접 차밭을 일구고 차를 만들면서 《다신전茶神傳》[4]과 《동다송東茶頌》[5]을 저술해 우리 차에 대한 전반적인 정리를 하였다. 그의 나이 24세에 강진으로 유배 온 다산을 만나 유교 경전과 시를 배우고 차를 매개로 유학자들과 친분을 쌓으면서 학문을 논하였다.

1837년 52세의 초의는 정조의 둘째 사위 홍현주洪顯周,1793~1865의 부탁으로 우리 차의 역사와 가치를 한시로 노래한 《동다송》을 지었다. 그는 차를 소박하고 편안하게 즐겼으나 좋은 차와 좋은 물, 그리고 중정中正을 잃지 않은 차를 원했다.

그 가운데 들어 있는 현현 미묘함 나투기 어려우니　中有玄微妙難顯

참다운 정기는 물과 차가 잘 어우러져야 하네　　眞精莫敎體神分

즉, 좋은 차 한 잔을 만들기 위해서는 차와 물이 잘 어울려야 한다는 뜻으로 중정을 잃지 않고 정성을 다해 끓인 차를 마시면 "겨드랑이에서 바람이 일고 몸은 가벼워 하늘을 거닐게 된다."고 하였다.

초의는 평범한 일상생활에서 선 수행으로 차생활을 하였다. 차를 잘 달이고 차의 맛을 깨닫는 것은 수행을 통해 깨달음을 얻는 것과 같다고 하였으니 다선일미茶禪一味의 진정한 모습이다. 또한 차를 통해 소통하고 교류했던 초의는 차생활을 다른 사람들에게 널리 알리고자 노력하였다. 그는 영원한 지기인 김정희, 시대의 동반자인 신위, 홍현주 등과 만나면서 직접 차밭을 일구어 만든 차를 나누었다. 특히 초의의 선사상과 차생활은 추사의 예술에 큰 영향을 주었다.

추사 김정희金正喜, 1786~1856는 영조의 사위 김한신의 증손자로 태어나 24세 때 사신으로 가는 아버지 김노경을 따라 청나라에 갔다. 그는 그곳에서 당대 최고의 학자들과 교유하면서 평생의 스승을 만나게 되는데, 담계覃溪 옹방강翁方綱과 운대芸臺 완원阮元이다. 이때 완원에게 완당阮堂이라는 호를 받았다. 그는 김정희에게 용단승설龍團勝雪■6을

■1 소운거사 이규경李圭景, 1788~1856. "만불차는 다산이 귀양살이를 하면서 찻잎을 쪄서 말려 작은 떡덩이로 만드는 법을 가르친 것인데, 이 차는 강진현의 만불사萬佛寺의 차이기 때문에 붙인 이름이다."

■2 송남 조재삼趙在三, 1808~1866. "해남에는 예부터 황다黃茶가 있는데, 세상에서는 아는 사람이 없다. 오직 정약용만이 알 뿐이므로 정다丁茶라 이름한다."

■3 운양 김윤식金允植, 1835~1922. "강진의 다산에는 명차가 나는데 정약용이 만들기 시작한 것으로 차의 품질이 좋다." 했으며, 또 다른 강진의 금릉월산차金陵月山茶도 다산이 알려준 제다법대로 만든 차라 했다.

■4 다위茶衛에서는 차를 만들 때는 정성을 다하고, 차를 저장하고, 보관할 때는 습기가 차지 않도록 하며, 물을 끓여 차를 달일 때는 청결하여야 한다고 했다.

■5 《동다송》은 1837년 지은 차를 찬송한 게송으로 우리 차에 얽힌 전설과 차의 효능, 생산지에 따른 차 이름과 품질, 차 제조법, 물에 대한 평가, 차 끓이는 법, 차 마시는 구체적인 방법 등을 다루었다.

■6 용단승설龍團勝雪은 찻잎을 시루에 쪄서 절구판에 짓이겨 판형으로 찍어낸 뒤 그늘에서 말려 차의 표면에 용무늬나 봉황을 찍었는데 주로 상류층이 마셨다.

달여 주었는데 김정희는 이때 마신 차 맛을 잊을 수 없어 훗날 승설도인勝雪道人이라는 호를 사용하며 차를 즐겼다.

30세가 되던 순조 15년1815 김정희는 정약용의 아들인 친구 정학연의 소개로 초의를 만나게 된다. 이후 세 사람은 평생에 걸쳐 우의를 다졌다. 추사는 윤상도尹尚度의 옥사■1에 연루되어 제주도 대정현으로 유배가는 길에 해남 일지암에 들러 초의를 만났다. 초의는 귀양살이 떠나는 벗에게 직접 만든 차를 끓여 주고 억울한 사연을 들어 주었다. 추사가 제주에서 초의에게 보낸 편지 중에는 보내준 차를 마시고 위胃가 편해졌으니 감사하다는 글이 있는데 약과 의원을 구하기 힘든 유배지에서 차가 좋은 약이 되어 주었음을 알 수 있다.

추사는 수시로 초의에게 차를 보내줄 것을 당부하고 재촉했다. 차가 얼마 남지 않았거나 떨어지게 되면 초의에게 다그치는 편지가 빗발쳤다. 내용을 보면 차가 얼마 남지 않았으니 어떤 차를 보내라, 몇 근을 보내라는 등 시시콜콜 주문이 많았다. 어쩌다 차가 늦어지면 초의가 소개하여 자신의 제자가 된 소치小癡 허련許鍊, 1809~1892을 일지암으로 보내 직접 차를 받아오게 했다. 1850년 추사는 함경도 북청으로 다시 유배를 가게 된다. 그는 북청으로 가는 도중 강상지금의 양평에 머물면서 초의에게 차를 달라 막무가내로 보채는 편지를 보낸다.

"나는 스님을 보고 싶지도 않고 또한 스님의 편지도 보고 싶지 않으나 다만 차의 인연만은 차마 끊어버리지도 못하고 쉽사리 부수어 버리지도 못하여 또 차를 재촉하니, 편지도 보낼 필요 없고, 다만 두 해의 쌓인 빚을 한꺼번에 챙겨 보내되 다시 지체하거나 빗나감이 없도록 하는 게 좋을 거요. …… 새 차는 어찌하여 돌샘·솔바람 사이에서 혼자만 마시며

도무지 먼 사람 생각은 아니하는 건가. 몽둥이 서른 대를 아프게 맞아야 하겠구려." ■2

그 편지를 받은 초의는 직접 차를 가지고 추사가 머물고 있는 강상으로 찾아가서 2년 동안 머물다 돌아갔다.

이때 초의에게 찻값으로 준 글씨 '명선茗禪'은 추사 글씨의 절정을 보여주는 대표작이다. 명선은 '차를 마시며 선정에 들다'는 의미로 추사가 단순히 차를 즐기는 수준이 아니라 선의 경지에 들었다는 것을 짐작케 한다.

출처 : 간송미술관

■1 1830년 호조판서 박종훈朴宗薰과 전에 유수를 지낸 신위申緯, 그리고 어영대장 유상량柳相亮 등을 탐관오리로 탄핵하다가, 군신 사이를 이간시킨다는 이유로 왕의 미움을 사서 추자도楸子島에 유배되어 위리안치당하였다. 출처: 한국민족문화대백과사전
■2 김정희金正喜, 《완당선생전집阮堂先生全集》 권5, 서독書牘.

07

몸과 마음을
다스리는 차

차를 마시면 마음이 차분해지고 넉넉해지며
다른 사람들과 함께 나누고 싶어진다.
누구라도 즐겨 마실 수 있는
평등함을 주기 때문일 것이다.
차는 행실을 바르게 하고 검소하게 하여
덕망을 갖춘 사람으로 만든다.

1. 차와 명상

명상Meditation이란 사물을 있는 그대로 알아차리는 것이다. 알아차림 속에 균형 잡힌 마음으로 평정심을 유지하는 것이 명상이다. 명상에서 알아차림Awareness과 평정심Equanimity은 마치 수레의 양 바퀴와 같고 새의 두 날개와 같다.

🌿 명상은 어떻게

명상함으로써 얻는 것은 무엇일까? 명상은 마음의 평화를 얻게 하고, 행복하고 유익한 삶을 살도록 도와준다. 명상은 나를 관찰함으로써 순수함을 선물로 받게 한다. 순수해지면 마음의 괴로움과 그 괴로움의 원인들을 제거할 수 있게 된다. 현대인은 치열한 경쟁사회에 놓여 있고 늘 압박감을 가지고 있다. 마음이 불안하거나 모든 일에 자신감이 없을 때 명상으로 치유가 가능하다.

차를 우리고 마시는 차생활의 일상은 알아차림을 통해 힐링으로 이끈다. 잡담이나 생각이 다른 곳으로 몰려 차 우리는 시간이 오래되면 차가 쓰거나 떫거나 진해서 마시기에 적당하지 않다. 차가 알맞게 우러나기 위해서는 행위 하나 하나에 생각이 깨어 있어야 한다. 이러한 알아차림을 지켜보는 평정심은 차생활의 기본자세가 된다. 차생활의 주인이 자신이듯이 명상의 주체는 바로 나이다.

이러한 명상의 필요성은 모든 학자들도 강조하여 자기 수양을 게을리 하지 않았다. 특히 남송의 유학자 주희朱熹, 1130~1200는 몸을 다스리는 것은 마음이며 마음의 헛된 작용을 막기 위해서는 욕심을 비워야 하는 마음 수양론을 제시하였다. 격물치지格物致知라 하여 사물의 이치에 대한 지극한 탐구와 바로 아는 마음을 위해서 고요히 앉아 수행하기를 강조하였다. 처음 공부하는 학자가 해야 할 공부가 바로 정좌靜坐라고 하였다. 즉 고요히 앉으면 근본이 정해지고 무심코 바깥을 향한 마음도 돌아와 근본에 확실하게 앉힐 수가 있다고 하였다. 마음을 모아 쓸데없는 생각에 휘둘리지 않도록 하는 것이 바로 정좌라고 하는 것이다.[1]

불가에서는 차와 선[2]을 묶어 흔히 선차禪茶라고 한다. 선이란 마음을 한 대상에 집중함으로써 흔들림이 없게 하여 깊이 세밀하게 사유하는 것을 말한다. 선차수행이란 차 마시는 일을 통해 직관적인 선의 경계에 닿는 일이다. 선은 말이나 글로 하는 것은 아니다. 차 또한 그러하다. 차와 선은 즉각적이고, 구체적인 실제 수행을 통하여 그 경계가 터득된다. 그래서 차선일미 또는 차선일체라고 한다. 차를 달여 마시며 자신의 존재와 우주의 일체감을 체득하는 것이 바로 차선에서 얻는 깨달음이다. 차생활은 늘 마음이 깨어 있다. 일부러 깨어 있고자 하지 않아도 이미 절로 성성하게 마음이 살아 있는 것이다.

[1] 《朱子語類》〈學六〉持守, "始學工夫, 須是靜坐, 靜坐則本原定, 雖不免逐物, 及收歸來, 也有箇安頓處." 참조.
[2] 선禪이란 범어 디야나dhyana를 한자로 음역한 선나禪那의 준 말이다. 뜻은 사유수思惟修, 기악棄惡, 정려靜慮이다.

- 마음의 집중력이 향상된다.
- 마음을 알아차리게 되고, 정신이 또렷해진다.
- 마음의 통제력이 향상된다.
- 기억력이 좋아진다.
- 결단력이 좋아진다.
- 자신감이 커진다.
- 혼란, 두려움, 긴장, 불안과 스트레스가 줄어든다.
- 일과 학습능력이 향상된다.
- 이해력과 표현력이 향상된다.
- 마음이 건강하고 건전해지며, 강해진다.
- 다른 사람들에 대한 선한 마음으로 가득 차게 된다.

마음을 다스리는 명상은 매일 지속적으로 행해야 한다. 그리고 이러한 명상은 같은 장소, 같은 시간에 하는 것이 효과적이다.

다도茶道

• 차에 도를 붙이는 마음

다도란 일상생활의 도道를 '차 마심喫茶'에 붙여 강조한 말이다. 차생활에 있어서 일상이란 차 마시는 곳을 깨끗이 하고 다구를 제자리에 정리하는 일부터 시작된다. 찻물 끓는 소리를 듣고, 찻일을 하며 차탕을 마시고 차담을 나누는 일 역시 일상생활이다.

다도란 일상의 삶에 예술적 혼과 철학적 사유가 함께 하도록 하는 작업이다. 나의 마음과 행위로 물과 불, 차와 다구가 조화를 이루도록 하여 지금 여기 스스로 자유자재 함을 얻게 되는 길인 것이다.

• 목표는 깨어 있는 삶

다도의 목표는 늘 깨어있는 삶, 참된 인간생활이다. 차 한 잔을 우리는데 있어 차의 양을 얼마나 해야 할지 또 물의 온도는 어디쯤에 있는지 우리는 시간도 어느 정도가 좋은지 조절해야 한다. 모든 것이 정확해야 간이 딱 맞는 맛있고 향기로운 차를 이룰 수 있다. 차를 우리는 움직임, 차를 맛보는 순간의 그 느낌 하나하나에 내 몸과 마음을 챙겨 깨어 있어야 실수함이 없다.

차생활은 존재와 시공간을 알아차림으로 하여 매 순간 살아있음이 각성된 삶이다.

• 본질은 중정中正

다도의 본질은 중정이다. 정말 차가 맛있게 잘 우려진 것을 '간이 맞다'라고 하는데 다도에서 중정은 바로 차의 간이 딱 알맞은 것을 말한다. 이를 위해서는 차가 가지는 다섯 가지 맛이 어느 한쪽으로 치우치지 않게 하는 것이 중요하다. 차가 너무 진하게 우려져 쓰고 떫지 않아야 하며 우리는 온도와 시간이 물의 성질과 맞지 않아 차와 물이 겉돌고 향이 숨을 죽이고 있다면 이는 모두 간이 맞지 않는 것이다. 차의 오미가 모두 잘 아울러져 비로소 사람의 오감을 깨우는 차가 되는 것이니 이를 위해서는 차를 운용하는 사람의 정성이 함께 만나야 한다.

🌿 수양이 되는 차생활

• 수양의 배경

  수양이란 본디 마음을 닦고 기른다는 유학의 개념이지만 오늘 날에는 이와 무관하게 자신을 갈고 닦는 일상의 일로 그 의미와 범위가 넓어졌다. 특히 동양사상에서는 근본적으로 마음을 대상으로 탐구하는 것을 매우 중요하게 여긴다. 마음을 닦는 일은 그 다스려진 마음으로 도덕적인 행동을 실천에 옮기는 것을 포함하기 때문에 그 뜻이 매우 깊다. 다도는 차 다茶 자에 동양에서 수양을 뜻하는 '도道'의 글자가 만나 이루어졌다. 그러므로 다도 자체가 차를 통한 수양의 의미를 가지고 있다고 할 수 있다.

  조선의 유학자 한재 이목李穆, 1471~1498은 《다부茶賦》에서 "정신을 움직여 묘경에 이르면, 즐거움은 꾀하지 않아도 저절로 이르게 되리라 神動氣而入妙 樂不圖而自至"고 하였다. 이 말은 차의 기운이 사람의 심신에 들어와 삿된 잡념이나 번뇌, 불안을 몰아내고 마음의 문을 열어 순수한 기쁨의 지경에 이르게 한다는 말이다. 즉 차의 색이 본연의 빛을 띠고, 차의 향기가 본연의 기운을 피어올리고, 차의 맛이 제 격을 찾게 하는 과정 그 자체가 마음을 정화시키고 편안하게 하여 신묘한 경지를 얻게 하는 것이다.

  차는 불가의 선원 수행에서도 필수적인 요소다. 송나라 종색선사宗賾禪師, 1009~1092는 《선원청규禪苑清規》에 차를 마시고 대접하는 예절과 선의 결합을 강조하고 있다. 이외에도 송나라의 백운수단白雲守端, 1025~1072이 제창한 '화경청적和敬清寂'이나, 원오극근圜悟克勤, 1063~1135 선사의 '차선일미茶禪一味' 등의 어휘들은 불가 다도의 지침이 되고 있다. 이러한 다도의 수양 요소에 관한 것들은 유·불·도 전반에 걸쳐서 수없이 강조되고 있다.

중국 당나라 때 시인이자 승려인 교연皎然, 720~803은 차를 "세 번째 마시면 문득 도를 깨쳐 어떤 괴로움과 번뇌도 닦아준다三飮便得道, 何須苦心破煩惱."라고 하여 차를 통해 도에 이르는 길을 선명하게 보여주고 있다. 차는 몸의 독소를 풀어주고, 몸속 장기를 깨끗하게 하며, 머리를 맑게 하여 두통을 없애주는 효과가 탁월하다. 마음의 근심과 울분을 사라지게 하고 나쁜 기운을 정화시켜 준다. 이와 같이 몸과 마음이 정화되고 안정되면 본디의 자연성이 회복되므로 모든 것에 자신감이 넘치는 호방한 기운이 드러나게 된다. 즉 차는 마음의 나쁜 기운을 비워서 맑은 지혜로 채우고, 아름다운 인성을 기르는 특성이 있기 때문에 수양의 기능을 다하고 있다.

• 수양다도는 어떻게 하는가

초의선사草衣禪師, 1786~1866는 그의 저술 《동다송東茶頌》에서 찻잎을 딸 때의 마음가짐과 차를 만들 때의 자세, 물을 긷고 차를 우릴 때의 행위가 중요함을 총평하고 있다.

즉 찻잎을 딸 때는 그 절묘함妙을 다하고, 차를 만들 때는 온 정성精을 다하며, 찻물은 그 참眞을 얻어야 하니 차를 달임에는 넘침도 모자람도 없이 중中을 얻어야 한다는 것이다. 여기서 말하는 묘妙·정精·진眞·중中은 모두 마음을 다스리는 수양과 관계되는 글자이다. 이것은 성리학의 최고 이념인 '성誠'과도 통한다.

묘妙 : 찻잎을 따는 것은 그때에 있어 절묘함을 다해야 한다. 차나무를 가꾸고 살피는 것은 사람의 일이나 볕 쪼임과 바람, 비의 양과 토양들은 자연의 운행에 맞추어져 있기에 차를 수확하는 것은 그 절묘한 시간을 맞추어 행해야 한다.

정精 : 차를 만들 때는 정성을 다해야 한다. 정성을 다한다는 것은 그저 열심히 하기만 하는 것을 뜻하지는 않는다. 따온 찻잎이 너무 익거나 설지 않도록 주의를 기울여야 한다. 차가 심하게 상처 입는 것을 염려하여 신중히 비비어 행여 타지 않도록 매 순간 애정과 주의를 기울여 나아가는 것이라 할 수 있다.

진眞 : 참된 물을 만나야 좋은 차는 그 기운이 잘 어우러지게 된다. 차는 물의 정신이고, 물은 차의 몸이기에 정성들여 만든 차가 좋은 물을 만나 간이 알맞게 이루어지는 것을 곧 다도라 한다. 내 몸을 정갈하게 하고 오염되지 않게 해야하는 것처럼 참된 물 역시 그 깨끗함과 맑음을 잘 보존함이 참되다 할 것이다.

중中 : 차를 우림에 있어 찻물 끓는 소리를 가만히 듣고 충분하게 물이 익도록 뜸을 들이는 시간을 가지며 기다림의 시간을 즐긴다. 다관에 차를 넣고 알맞은 온도의 물을 부어 차가 우러나기를 기다리며 차와 물이 어떻게 어울림의 작용을 하는지도 헤아려 본다.

다법이란 어려운 것이 아니다. 행위의 자연스러움이 몸에 배게 익히는 과정일 뿐이다. 아름다운 차생활을 통해 옛것을 이해하고 새로움을 창조한다면 더욱 멋있는 삶이 될 것이다.

인간은 사회적인 관계 속에서 자신의 존재를 확인하고 서로 도우면서 살아가는 동물이다. 차를 한 잔 마심에 어른, 아이 할 것 없이 누구나 마시고, 지위가 높거나 낮음에 관계없이 함께 마시며, 존재의 귀함이나 천함에 관계없이 하나의 찻자리에서 펼쳐지는 일미평등一味平等을 맛볼 것이다.

차를 마시기 위해서는 나와 남에 관계없이 아름다운 공간을 연출하기 위한 미학적 감각도 자연히 우러나게 되어 있다. 어울리는 꽃을 장식하는가 하면 찻잔 하나라도 함께 차마시는 사람을 생각하며 준비하게 된다. 이러한 과정의 기쁨을 상대방에게 들려줄 수도 있다. 이렇듯 차는 종합적인 미학의 결정체로 모든 행위와 마음 쓰임새에 정성을 담는 습관을 가지게 한다.

흔히 사람들은 차를 무슨 맛인지 모르겠다거나 어떻게 마실 줄 모른다고 스스로 단정지으려 한다. 하지만 이러한 모든 장애는 호기심을 가지고 알아보려는 마음 하나로 걷힐 수 있는 것들이다. 차에 대한 특성을 알게 되면 얼마나 차가 몸을 건강하게 하는 지 또 마음을 보살피는 데 있어 진정한 수양음료로써 훌륭한 지 느끼게 된다. 또한 차를 어떻게 마시는지 그 방법을 이해하면 차생활의 아름다움과 멋을 즐길 수 있다. 이는 곧 생활 전반에 걸쳐 영향을 미치며 여유로움과 품격을 갖추게 한다.

무엇보다 차의 유익함을 알고, 차를 다루는 방법을 익히는 것이 미래지향적 시대를 사는 우리 모두에게 필요하다.

2. 차살림의 아름다운 자세

차를 다루는 마음과 차살림의 방법을 아울러 차생활이라고 한다. 하나는 다구, 물, 불을 기본으로 해서, 차를 운용함에 있어 가장 핵심이 되는 차의 '맛'과 '멋'에 관련된 사항들이며, 다른 하나는 차를 내는 주인과 그에 응대하는 손님의 마음에 관련된 사항이다.

아름다운 차생활

먼저 차실에서의 다구배치는 주인이 움직이기 편하고, 동선이 최대한 효율적이도록 한다. 화로, 보온병이나 탕관은 차실의 주인이다. 그러므로 안전하고 사용하기 편하도록 배치한다. 맑은 물을 담은 물단지는 열원 가까이 두도록 한다. 끓는 물이 모자랄 경우 보충해야 하기 때문이다. 찻잔의 배열은 차 따르는 순서에 맞도록 한다. 즉 차 내는 사람이 편하도록 조화롭게 배열하면 된다. 기존의 다법에서의 배치는 오른손잡이 위주로 되어 있으나 이에 연연할 필요는 없다. 왼손잡이일 경우는 그에 따라 편리한 개별의 방법을 찾으면 된다.

또 차살림에서는 마음을 평정하게 하고 늘 깨어 있어야 한다. 차는 뜨거운 불과 물을 다루는 것이기에 물을 끓이고 차를 우림에 알아차림이 늘 함께 해서 안전해야 한다. 이 알아차림과 균형 잡힌 마음을 유지하는 평정심은 명상을 이루는 두 축이다. 이 둘을 유지하는 것이 찻일과 관계되는 요건이기 때문에 차살림 전체가 바로 수양이 되는 것이다.

• 검소하고 질박하게, 검박儉朴

차실, 다기, 차를 내는 행위 및 마음자세 모두 검소하고 질박한 것이 좋다. 세상에 존재하는 모든 것에는 제 격이 있다. 흔히 된장찌개는 뚝배기에 담아야 어울리고 와인은 목 긴 유리잔에 담아야 어울린다. 차역시 마찬가지이다. 찻잔이나 차 주전자 등의 다기가 지나치게 비싸거나 화려하면 차가 제 격을 잃게 된다. 차생활은 기호생활이기 때문에 차살림을 하다 보면 나도 모르게 다도의 본질에서 벗어나 자칫 잘못하면 다구의 수집벽에 부딪혀서 자랑하게 되는 실수를 범하게 된다.

차를 우림에 있어서 필요 이상의 손놀림도 자제해야 한다. 꼭 필요한 다구만 사용함으로서 번거로움을 피하고, 그를 위한 최적의 에너지만 사용하면 된다. 차 한 잔을 받기 위해 앉아 있는 손님에게 위화감을 주는 행위가 되어서는 안 되기 때문이다.

• 자연스럽게, 조화調和

차와 함께하는 차실과 다기를 다루는 행위, 운용하는 마음 자세는 필연적으로 자연스러워야 하며 이는 조화를 이룸이다. 조화는 어울림이다. 하나하나 서로 다르면서도 잘 어우러진다는 것은 다양성을 인정하는 배려가 전제되는 것이다. 차와 물이 어우러지고, 불과 물이 상극관계에 있으면서도 서로 보완하여 새로운 문화를 창출해 낸다.

우리에게 먹고 마시는 것이 자연스럽듯 차 마시는 공간을 청소하고 운치를 위해 음악을 고르는 것도 낯선 일이 아니다. 그러나 이 모든 것은 물 흐르듯 산들바람이 살랑거리듯 자연스럽게 이루어짐이 좋다. 손님에게 차를 대접함에도 지나치게 많이 혹은 요란하게 준비하여 부담을 주지 않아야 한다. 그저 편안하게 받아들일 정도의 수준이면 좋은 것이다.

• 치우침이 없게, 중정中正

차살림에 있어서 균형감은 차를 우려내는 실제적인 행위나 마음 자세가 고요함 속에서 움직이고, 움직임 속에서도 고요함을 잃지 않아야 한다. 그래서 흔히 동중정動中靜, 정중동靜中動이라 하는 도리에 맞아야 하는 것이다. 한 손이 움직이면 다른 손은 보조의 위치에서 임해야 한다. 즉 주인이 찻잔을 손님에게 직접 전달하지 않고 찻상의 안전한 곳에 두면 손님이 편하게 마실 수 있는 자신의 자리에 찻잔을 옮겨 간다. 이 때 주인은 멈춤의 상태에 있도록 한다. 손님이 움직이면 주인이 멈추고, 주인이 움직이면 손님이 멈춤으로써 안정을 유지한다.

초의선사는 차를 내는 포법泡法을 잘 설명하고 있다. "탕이 순숙으로 끓었나 살피고, 우선 다호에 부어 냉기를 가셔낸다. 차호에 찻잎을 넣는다. 찻잎이 많으면 맛이 쓰고 짙으며, 찻잎이 적으면 차맛이 엷다. 차호에 탕수를 부어 차와 물이 어우러지기를 기다렸다가 걸러 마신다. 차호가 뜨거우면 차의 신기가 건전치 못하고 거르는 것이 너무 일러도 차의 신기가 피어나지 못한다. 마시는 것이 더디면 차의 묘한 향기가 먼저 없어져 버린다."[1]라고 하였다. 즉 모든 것이 모자라거나 넘치지 않고 한쪽으로 치우침이 없는 중정이어야 함을 요구하고 있다.

• 융통성 있게, 응변應變

차생활은 때와 장소에 따라 융통성 있게 할 수 있어야 한다. 업무에 바쁜 사람은 제대로 잘 갖추어 마실 시간이 없다. 차생활이 가지는 느림의 미학을 즐길 처지가 안 될 때는 신속하게 따끈한 차를 마실 수 있기만 해도 행복하다. 유리잔 같은 것으로 아름다운 차의 색을 눈으로 직접 보면서 차를 즐겨도 좋다. 뜨거운 차를 잘 마시지 못한다면 시원하게 해서 마실 수도 있다. 사실 차법이라는 것이 변하지 않고 정해져 있는 것은 아니다. 차를 우리기 편한 방법을 개발하여 남이 보기도 좋고 본인의 마음도 편안하면 좋은 것이다. 그것이 익숙해지고 즐겁다면 누구라도 즐기는 다법이 된다. 차인은 늘 시대에 맞는 새로운 시각을 가져야 한다. 그것이 미래이고 발전이다.

• 감사하는 마음으로, 보은報恩

차 한 잔이 내 입에 이르기까지 무수히 많은 손길을 거치게 된다. 차농사를 지어 밥을 먹고 아이들 공부도 시키는 차농부의 삶이 거기 있으며, 차농부와 차를 마시는 소비자를 이어주는 차상인의 삶도 그 사이에 있다. 차를 마시기 위해 사용하는 다기를 만드는 사기장들의 노력 등 같은 시대를 살아가며 다른 분야에서 최고의 기능을 발휘하는 고수들의 집합체가 차 한 잔에 녹아 있음을 우리가 자각할 때 저절로 감사한 마음이 일어난다. 감사하는 마음 앞에는 불편함도 사라지고 불

■1 草衣,《東茶頌》. "探湯純熟, 便取起先注壺中小許, 盪祛冷氣, 傾出然後, 投茶葉多寡宜的, 不可過中失正. 茶重則味苦沉, 水勝則味寡, 色淸雨後, 壺又冷水湯滌, 否則減茶香. 蓋罐熱則茶神 不健, 壺淸則水性當靈, 稍候茶水冲和然後, 令布釃飮, 釃不宜早, 早則茶神不發, 飮不宜遲, 遲則 妙馥先消."

만도 사라지게 된다. 이것이 차가 인간에게 주는 선물이다. 향기로운 차 한 잔을 마실 수 있음에 대한 지극한 은혜를 생각해 보자.

• 즐기는 마음으로, 자락 自樂

차는 선물로 받든 직접 구입하든 어떤 경우라도 손에 들어오면 기쁨을 준다. 찻잎을 따보고 차를 만들어볼 때도 기쁨이 넘친다. 하물며 차를 정다운 벗과 마주앉아 마심에는 더더욱 환희심을 일으킨다. 한재 이목은《다부》에서 "기뻐서 노래하노라. 내가 세상에 태어남이여, 풍파가 모질구나. 양생에 뜻을 두었으니 너차를 버리고 무엇을 구하겠는 가. 나는 너를 지녀 마시고 너는 나를 좇아 놀아, 화조월석에 즐겨 싫어함이 없구나."[1]라며 결론의 첫머리를 '기뻐서 (차를) 노래하노라'로 시작하고 있다. 밤과 낮을 가리지 않고 차와 함께 몸 건강을 돌보며 차 살림의 즐거움을 나누고 있다. 차는 도무지 싫어할 수 없는 물건인 것이다. 곧 차는 몸을 기르는 양생의 수단을 뛰어넘어, 스스로를 즐겁게 만들고 감사심과 환희심을 자아내는 '내 마음의 차吾心之茶'가 되어 수양으로 승화시킬 수 있는 것이다.

• 예를 다하여, 차례 茶禮

설·추석 등 큰 명절에 우리는 정성껏 차례를 모신다. 차례는 조상을 비롯한 웃어른이나 존경하는 대상, 관계를 잘 이끌어 가야하는 상황에서 격식을 갖추어 차를 올리고 내려 마실 때의 예의범절이다. 우리는

---

[1] 李穆,《茶賦》, "喜而歌曰 我生世兮風波惡 如志乎養生 捨汝而何求 我携爾飮 爾從我遊 花朝月暮 樂且無斁"

옛적부터 차로서 예의범절을 가르치던 풍습이 있다. 모든 범절을 통틀어 일상예절이라고 하며, 이 예절의 근간이 되는 덕을 닦고 몸가짐을 습득해 나가는 데는 곧 차생활이 가장 적합하다고 볼 수 있다.

제례나 혼례 때에도 차례를 행하여 왔다. 제례 시에는 다식을 만들고 향을 피우고 차를 올렸으며, 차가 자생하는 영·호남 지방에서는 차로 제사를 지냈다. 제사 때에 '초헌', '아헌', '종헌'이라 하여 세 차례 술을 올리고 국그릇을 내리고 숭늉으로 바꿔 올려 '헌다獻茶'라 하는데, 이는 차를 술이나 맹물로 대신한 것이다.

혼례 때에 혼약이 결정되면 '봉차封茶'라 하여 차씨를 봉해서 보냈는데 차나무는 옮겨 심으면 잘 살지 못하듯이, 남녀 모두 정절을 지키고 사시사철 푸른 차나무와 같이 인생살이를 잘하겠다는 뜻이 담겨 있다. 이외에도 혼인식을 마치고 신랑 집에 가는 친영을 하면 처음 시가의 선영이나 사당에 차를 올리는 차례를 행하였다. 이때 신부는 친가에서 마련하여 온 다식, 다과 등의 음식을 진설하고 이어 차를 올림으로서 시가의 일족이 되었음을 고하는 예식을 경건하게 행했다.

3. 차가 품은 특성

차 한 잔이 되기까지 차나무는 변화무쌍한 비바람과 구름의 기운을 받아서 자란다. 찻물을 담은 찻잔 역시 흙과 불과 사람의 기운이 오묘하게 조화를 이루어 새롭게 태어난다. 동양 삼국의 차가 서양 차문화와 달리 개인 수양의 덕목이라는 특징을 가지게 되는 배경을 보자.

🌿 차가 가지는 마음수양의 덕목

조선 전기 한재 이목은 자신이 저술한 우리나라 최초의 차 전문서《다부茶賦》에서 차가 가지는 다섯 가지 공, 여섯 가지 덕과 일곱 가지 효능을 일목요연하게 제시하고 있다. 중국 당나라 유정량劉貞亮. ?~813[1]과 일본의 묘우에 스님明惠上人, 1173-1232[2]이 각각 차의 열 가지 덕을 제시하였다. 덕德이라는 유학의 최고 목표를 차로서 이야기함은 차가 가지는 수양의 영향을 모두 한마음으로 말하고 있다.

---

[1] 유정량 : 이름은 구문진俱文珍이다. 당나라 덕종~헌종 때의 환관으로, 순종 때 왕숙문 일당을 몰아내고 위기에 처한 조정을 구신舊臣에게 돌려주는 데 공을 세웠다.

[2] 묘우에 스님 : 가마쿠라 시대 신불교의 기수로 종파와 관계없이 수행에 진력했다. 고산사를 중건시키고 화엄종의 조사인 우리나라의 원효대사와 의상대사를 모셨고, 화엄종과 밀교를 공부했다.

유정량의 음다십덕 飲茶十德

차는 왕성한 기운을 흩어 버린다.	以茶散郁氣
차는 수면을 쫓아낸다.	以茶驅睡氣
차는 생기를 북 돋운다.	以茶養生氣
차는 병을 덜어준다.	以茶除病氣
차는 예의와 인의를 빛낸다.	以茶利禮仁
차는 공경과 의리를 나타낸다.	以茶表敬義
차는 맛을 알게 한다.	以茶嘗滋味
차는 신체를 기른다.	以茶養身體
차는 도를 행하게 한다.	以茶可行道
차는 뜻을 고상하게 한다.	以茶可雅志

묘우에 스님의 차십덕 茶十德

모든 천신이 보호한다.	諸天加護
부모를 효성스럽게 봉양한다.	父母孝養
악마를 항복시킨다.	惡魔降伏
잠을 스스로 없앤다.	睡眠自除
오장을 조화시킨다.	五臟調和
친구와 화합하게 된다.	朋友和合
병이 없어지고 재앙이 멈춘다.	無病息災
마음을 바르게 하고 몸을 닦는다.	正心修身
번뇌가 없어진다.	煩惱消滅
죽음에 임할 때 혼란이 없다.	臨終不亂

🌿 우리나라의 차풍

우리나라 차풍에서는 다른 나라보다 마음을 다스리는 수양의 의미가 더 강조된다. 차를 기호품으로 즐긴 층은 대부분 선비들이어서 그 즐김을 많은 시와 문장으로 남겼다. 이러한 문헌기록은 선비들이 마음을 다스리는 수양의 차로 즐겼음을 알 수 있게 해준다. 이는 비단 유학이 꽃을 피웠던 조선만이 아니었다. 《삼국사기》나 《삼국유사》의 기록을 중심으로 보면 신라에서는 화랑정신으로 모아지는 풍류의 차정신을 볼 수 있으며 《고려사절요》나 고려문사들의 시문詩文 기록 또한 마음을 맑게 하는 수양다도의 차풍이다. 조선에 와서는 《다부》나 《동다송》 등 차 전문서를 보면 '오심지차吾心之茶'나 '중정지도'를 주창하고 있어서 우리나라의 차정신이 선명하고 구체적으로 나타난다. 이렇듯 신라에서 조선에 이르기까지 우리의 차정신을 꿰뚫고 있는 것은 '마음心'이다.

• 한재의 오심지차吾心之茶

"기뻐서 노래하노라"로 시작하여 "정신을 움직여 묘경에 이르면, 즐거움은 꾀하지 않아도 저절로 이르게 되리. 이 또한 내 마음의 차이니 어찌 꼭 저것茶에서만 구하겠는가?"[1]로 끝나는 《다부》의 결론은 한재 다도사상의 핵심이다. '오심지차', 즉 내 마음의 차는 실제 양생의 차에서 내 마음의 차로 승화시킨 심차사상心茶思想이다.

차는 인간에게 어떤 공을 주나 – 오공五功

사전적인 의미로 공功은 공로의 준말로 정성과 노력을 많이 들여 좋은 결과를 나타내었다는 뜻이다. 한재는 차는 맛이 뛰어나고 묘하여 그 공을 논할 수밖에 없다고 하였다.

첫째, 갈증을 없애 주고,

둘째, 울분을 풀어 주며,

셋째, 손님과 주인의 정을 화합하게 하고,

넷째, 몸속의 독을 풀어 주며

다섯째, 취한 술을 깨게 한다.[2]

사실 목이 마르면 차를 마시고, 기분이 나쁘거나 마음에 울분이 찰때 차를 마시면 마음이 편안해진다. 사람과 사람사이에 일이 잘 풀리지 않을 때도 차가 윤활유 역할을 해서 얽힌 매듭을 풀어 줄 수 있다. 차가 몸 안의 독을 풀고 배출해 주는 정화제라는 것은 신농神農씨가 백초를 시험하면서 독풀에 중독이 될 때마다 찻잎으로 해독을 했다는 전설이 잘 말해주고 있다.

차가 가지는 덕에는 어떤 것이 있나 - 육덕六德

덕德이란 도덕적, 윤리적 이상을 실현해 나가는 인격적 능력을 일컬으므로 쉽게 '어진 덕'이라 말한다. 인간에게 대표적인 기호품으로 차와 술을 들 수 있다. 이 중에서 차가 술과 크게 차이나는 요소는 바로 차가 가지는 예를 바르게 하는 덕 때문이다.

첫째, 오래 살게 하고,

둘째, 병을 낫게 하며,

셋째, 기운을 맑게 하는 덕이 있다.

■1 이목, 《茶賦》, "喜而歌曰, …神動氣而入妙 樂不圖而自至 是亦吾心之茶 又何必求乎彼也."
■2 박남식, 《기뻐서 차를 노래하노라》, 문사철, 2018, pp105~110. 참조.

넷째, 또한 사람으로 하여금 마음을 편안하게 하고,

다섯째, 신선과 같이 신령스럽게 하며,

여섯째, 예의 바르게 한다.

이러한 차의 덕을 일찍이 옛사람들도 깨닫고 모두 차를 사랑하여 많은 문인들이 차의 즐거움을 노래했다. 중국 당나라의 대시인 백거이 772~846, 북송 시대의 매요신1002~1060이나 소동파1036~1101 등은 이러한 차의 덕성 때문에 차를 매우 사랑했던 문인으로 유명하다.

차가 인간에게 베푸는 효험은 무엇인가 – 칠효七效

한재는 차를 한 잔 두 잔 마시면서 신체의 정돈과 치유를 얻은 마음이 변화하는 경지를 차의 효능으로 말하고 있다.

첫째, 메마른 창자가 눈 녹인 물로 씻어낸 듯 씻겨 내리고

둘째, 마음과 혼이 상쾌하여 신선이 된 듯하고

셋째, 병골에서 깨어나 두통이 없어지며 호연지기가 생겨나고

넷째, 가슴에 웅혼한 기운이 생기며 근심과 울분이 없어지고

다섯째, 색마가 도망가고 탐욕이 사라지며

여섯째, 세상 모든 것이 거적에 불과하며 해와 달이 방촌에 들어 신기함이 하늘나라에 오르는 듯하고

일곱째, 절반도 마시기 전 맑은 바람이 울연히 흉금에 일어난다.

류승국承國柳,1923~2011 [1]은 한재의 《다부》는 '내 마음 속에 이미 차가 있거늘 어찌 다른 곳에서 또 이를 구하려 하는가'라고 결론을 맺고 있는데, 실제 차에서 내 마음吾心의 차로 승화한 경지는 어느 차서에서도 찾아볼 수 없는 한국인의 사고양식이라고 칭송했다.

• 초의의 차덕, 중정中正

19세기 초 대흥사의 초의선사는 한국차의 중흥조[2]라 불린다. 초의가 말하는 차의 덕은 바로 중정의 정신이다. 《동다송》에서 "차의 체와 차의 신기가 온전하다 할지라도 오히려 중정을 지나치면 못쓴다. 이 중정이란 그 빛이 건실하고 그 간이 맞게 된 신령스러움이 어우러져야 한다."[3]라며 초의는 중정을 설명하고 있다. 초의는 차를 마시는 사람의 수에 맞도록 차 주전자에 차를 알맞게 넣고 찻물도 알맞은 온도로 알맞은 분량을 부어야 함을 강조하고 있다. 다관에서 차와 물이 만나 잘 어우러져서 차의 간이 맞도록 우러나야 한다. 차는 물의 정신이요, 물은 차의 몸이다. 어우러짐에 있어 넘침도 모자람도 없이 그 알맞음이 정확해야 하는 것이다. 그래야 건실한 찻물의 빛과 신령스럽게 간 맞는 차의 중정을 얻게 되기 때문이다.

또한 초의는 "차를 딸 때는 그 묘함을 다하며, 차를 만듦에는 그 정성을 다하고, 물을 얻음에 있어 참된 물을 길어야 하며, 차를 다려냄에는 그 간이 알맞아야하니, 차의 몸이 되는 물과 차의 정신인 찻기운이 잘 어우러져서, 그 빛의 건실한 것과 그 간 맞는 것이 신령스럽게 되어, 이 두 가지가 갖추어진 지경에 이르렀을 때, 다도는 다 통하였다 할 것이다."[4]라고 하였다. 여기서 차에다 도를 붙여 '다도'를 강조하였다. 이와 같이 차는 찻잎을 따고, 차를 만드는 과정에서 한 치라도 소홀해서는

---

[1] 성균관대학교 교수, 대한민국학술원 회원, 한국정신문화연구원 원장을 역임했다.

[2] 최범술, 《한국의 다도》, 보련각, 1975, p.116.

[3] 草衣, 《東茶頌》, "體神雖全 猶恐過中正 中正不過 健靈併"

[4] 草衣, 《東茶頌》, "採盡其妙 造盡其精 水得其眞 泡得其中 體與神相和 健與靈相併 至此而茶道盡"

안 된다. 이어서 차밭에서 차를 따는 과정도 명상의 시간을 체험한다고 흔히 말한다. 차를 만드는 손길에서도 이 차를 만날 사람들을 생각하면서 건강과 편안함을 주기 위해 정성을 다하는 것이다. 물론 차를 마시는 사람도 이 차가 어떤 경로, 어떤 사람의 손길을 거쳐 왔는지 차가 거쳐 온 곳의 사람들을 생각하고 그 삶의 애환도 잠시 마음에 품게 되는 것이다. 그래서 차는 처음부터 끝까지 감사하는 마음과 은혜로운 마음을 자아내는 아주 신묘한 물건이라 할 수 있다. 그러한 자애로운 마음을 품기 위해서는 어느 쪽으로도 기울어지지 않고 평정심을 가지고 배려하는 마음이 기본이 된다. 그 기본이 바로 차가 가지는 중정의 힘인 것이다.

중국의 차풍

• 육우의 정행검덕精行儉德

중국 사람이 일상생활을 해나가기에 꼭 필요한 물건은 땔감, 쌀, 기름, 소금, 간장, 식초, 차라고들 한다. 중국인들의 생활필수품으로 '사흘 밥은 굶어도 하루 차는 못 굶는다.'라는 말이 있을 정도다. 중국의 차는 오랜 역사와 더불어 넓은 땅만큼 다양한 품종이 개발되었다. 광동성만 하더라도 1,300여 가지나 된다 하니 가히 놀랄 만하다. 오늘날 중국에서 차인이라 하면 일반적으로 차농을 지칭하고 있는 것도 이해할 만하다. 이러한 차가 점차 일용음료의 기능을 뛰어넘어 정신적인 건강을 다지는 상징으로 변화를 거치며 학자들의 시문詩文에 운치의 물건으로 가장 많이 사용되었다.

중국의 차정신은 정행검덕이 대표덕목이다. 육우는 《다경》에 "차는 그 효용에 있어 성질은 매우 차며, 마시기 알맞음에는 행실이 바르고 단정하고 검소하며 겸허하여 덕망을 갖춘 사람이다."[1]라고 하고 있다. 정행검덕 중에서도 검덕, 즉 검박함이야말로 육우 차정신의 핵심이라 할 수 있다. 《다경》에서 구체적으로 차사상이 언급되는 곳은 '정행검덕'의 이 어휘밖에 없지만 이러한 차사상은 《다경》 전반에 깔려 있음을 잘 이해해야 한다.

• 주자朱子의 차덕은 중용中庸

주자1130~1200[2]는 송대의 저명한 이학理學가로 차를 즐기고 사랑했다. 주자는 차의 덕을 유가의 최고 도덕의 하나인 중용으로 논하며 이를 은일함에 비유했다. 차의 덕을 극대화 하여 차생활을 통해 품성을 닦아가는 차인의 노력을 군자로 간주하고 백이와 숙제의 은일을 언급하여 청빈무사한 차정신을 논한 것이다. 주자는 "건차는 중용의 덕과 같고, 강차는 백이숙제와 같다."[3]고 하였다. 건차나 강차는 모두 빼어난 차로 여기서 말하는 건차는 복건성의 무이암차를 말하고, 강차는 강소성, 강서성, 절강성에서 올라온 차를 말한다.

주자가 40여 년 동안 은거생활을 하면서 강학을 했던 복건성 무이산은 중국 차문화의 유구한 역사를 오롯이 지닌 곳이다. 흔히 '대홍포'로 대표되는 무이암차를 자랑하는 우롱차 발원지이기도 하다. 주자는 자신의 거처 주변에 차나무를 심고, 차로써 도를 논하며 무이차를 노래

---

[1] 陸羽, 《茶經》〈一之源〉, "茶之爲用 味至寒 爲飮 最宜精行儉德之人."
[2] 주자의 본명은 주희朱熹이다. 남송시대의 유학자로 저서에는 《사서집주》, 《주자가례》, 《맹자집주》 등이 있다. 성리학을 집대성하였으며, 호는 회암晦庵이다.
[3] 《朱子語類》〈雜類〉, "建茶如 中庸之爲德, 江茶如伯夷叔齊."

한 시 《영무이차詠武夷茶》[1]를 남겼다. 무이계곡에 정사精舍를 지어 손수 차를 가꾸며 신선처럼 차를 즐긴 정취를 담은 시다. 주자는 또 "선옹은 돌 아궁이를 남기고, 움푹 파인 중앙에는 물이 있다네. 차를 다 마시고 바야흐로 배를 타고 가니, 차의 연기 미세한 향으로 산들거리네."[2]라고 《다조茶竈》 시를 읊고 있다. 이와 같이 주자는 선비와 신선의 경지로 차 달임을 노래한다. 이것은 사람과 신령스러운 차, 무이산 바위 기운이 서로 융합하여 청빈하고 은일함을 보여주고 있다.

일본의 차풍

일본 차의 역사를 보면 나라시대710~794부터 헤이안시대794~1185의 초기까지 당나라에 파견된 사신들과 유학한 스님들에 의해 중국차가 일본에 전래되었다. 가마쿠라시대의 선승禪僧인 에이사이榮西, 1141~1215는 중국의 천태산에서 선을 배우고 돌아와 선종과 함께 새로운 차문화를 전하였다. 또 차의 약용가치를 설명한 《끽다양생기喫茶養生記》를 저술하여 이후 차가 급속히 보급하게 되었다. 중국에서 가지고 온 차종자는 교토의 고산사高山寺 묘우에상인明惠上人, 1173~1232이 차밭을 일구어 우지宇治 지방까지 재배되었다.

무로마치 시대1336~1573에 와서 차문화는 선종계열 스님에서 점차 무사계급으로 확대되었다. 무사계급의 사치스러운 사교놀이가 유행하였고 차의 산지를 맞추는 투다鬪茶 놀이가 번창하면서 일본 차문화 가운데 하나인 차회가 이때 뿌리를 내렸다. 이 시기에 이르자 서원풍이라는 엄격하면서도 호화스러운 차풍이 만들어졌다.

• 무라다주코의 와비차

이런 호화스러움에 대한 반작용은 무라다주코村田珠光, 1442~1502에 의해 엄격한 형식주의의 서원차 ■3에 반대되는 마음을 존중하는 새로운 차풍으로 일어났다. 무라타주코는 다도에서 도구의 완벽함은 오히려 본래의 미의식을 거스른다고 하며 불완전의 미의식 사상을 태동시켰다.

이어 그의 수제자 다케노조오武野紹鷗, 1502~1555는 무라타주코의 차 정신을 살려서 와비사비わび·さび:侘·寂라는 말을 다도에 도입하였다. 다케노조오의 '와비'는 서원차에 대립되는 차풍으로 호화로움과 간소함, 고아함과 속됨, 명물과 잡기의 대립 등의 상황에서 맛볼 수 있는 정신을 말한다. 대자臺子를 개량한 자루선반, 흙으로 구운 풍로, 대추 모양의 찻통, 대나무로 만든 뚜껑받침 등 와비 사상에 맞는 다도구들을 창제하기도 하였다.

• 센리큐의 초암차

이러한 와비 차풍은 센리큐千利休, 1522~1591에 와서 완성되었다. 모모야마시대는 도요토미 히데요시가 활약하는 시기이다. 센리큐는 히데요시의 다두茶頭 ■4로 있었으나 히데요시의 황금차실과 황금다구 등 사치스러운 차풍에는 전혀 공감하지 않았다. 리큐는 기존의 큰 차실에

■1 朱熹,《詠武夷茶》, "武夷高處是蓬萊, 採取靈芽於自栽, 地僻芳菲鎭長在, 谷寒彩蝶未全來, 紅裳似欲留人醉, 錦幛何妨爲客開, 咀罷醒心何處所, 近山重疊翠成堆."

■2 朱熹,《정사잡영精舍雜詠》,《다조》, "仙翁遺石灶, 宛在水中央 飲罷方舟去, 茶煙嫋細香."

■3 서원대자書院臺子의 다도는 외국에서 수입한 많은 명물을 선반에 장식해 놓은 귀족들의 서원의 넓은 방에서 여는 차회로 차를 즐긴다고 하기 보다는 무사 귀족들의 의식儀式의 하나로서 미술품을 감상하기 위한 차회였다.

■4 차를 마련하는 소임, 또는 그 일을 맡은 사람.

서 작은 차실로 바꾸어 소박한 차정신을 폈다. 차실에서는 모두 평등함을 상징하는 니지리구치躙口■1를 고안하여 반드시 이 문을 사용하도록 하였으며 장식과 도구를 극히 정제되고 간소화함으로써 일본 다도의 '와비사상'을 완성시켰다.

센리큐는 와비정신에 철저했고, 그것을 선禪의 원리로 체계화하여 자연 그대로의 소박함과 새로운 미를 발견할 수 있는 창조성을 강조하였다. 차회의 구성, 다도의 예법, 차실, 로지, 다도구, 요리 등 전반에 걸쳐 소박한 차풍을 관철시켜 다다미 한 첩 반 넓이의 작은 차실을 만들고, 조선의 도자기를 적극적으로 사용했다. 또 손수 대나무 화병이나 차샤쿠茶杓 등을 만드는 등 새로운 차 도구 사용을 시도하기도 했다.

센리큐에 의해 완성된 와비란 '자득自得, 한거閑居' 등으로 번역된다. 원래는 '외롭다, 시시하다, 흥미가 없다' 등의 의미를 지닌 말인데, 다께노조오는 '정직하고 신중하며 교만하지 않은 것을 와비라고 한다'고 했다. 다께노조오를 이은 센리큐는 '초라하고 작은 차실에서 느끼는 차분하고 한적한 멋을 구하는 것이 다도의 진수인 와비정신'이라고 했다.

• 화和 · 경敬 · 청淸 · 적寂

와비다도의 핵심은 화 · 경 · 청 · 적이다. 센리큐는 다도에서 사규칠칙四規七則의 규범을 제시하였다. 이 중 네 가지 규범인 사규가 화경청적이다. 물론 이것은 센리큐만의 제창은 아니다. 이미 중국 송나라 때부터 불가에서 청규 용어로 써온 말로써■2 선과 차의 정신이 만나는 자리가 곧 화경청적이라 하여 송나라 백운수단白雲守端, 1025~1072 선사가 창설한 차선도량에서 기원한다.

화和 : 서로 사이좋게 지내며 하나로 잘 어우러지는 상태를 말한다.

차실에 모인 주인과 손님은 각기 개성을 발휘하는 독자적 존재이면서도 모두 함께 본성으로 돌아가 하나가 되는 상태가 곧 화이다.

경敬 : 경은 일방적으로 윗사람을 섬기라는 말이 아니다. 주인이나 손님 모두가 존엄한 인격체임을 서로 인정할 때 저절로 우러나오는 상호존중의 마음가짐을 말한다. 늘 서로 공경하는 마음으로 다도에 임하는 정신을 말한다.

청淸 : 감각적, 물질적인 청정무구의 상태를 기본으로 한다. 늘 마음을 깨끗하게 하여 욕심을 버림으로써 참된 자유로움을 얻어, 청정무구한 가운데서 살아갈 수 있는 경지를 말한다. 이것은 정신세계의 청정뿐만 아니라 차실과 다도구의 청결을 말하는 것이기도 하다.

적寂 : 조용한 상태, 즉 차실에서 고요함을 유지하라는 의미지만, 다도에서는 공간적인 정적만이 아니라 주위에 의해서 동요되지 않는 마음의 정적, 적연하여 흔들림이 없는 심경을 말한다. 이는 주변과 크게 조화를 이루는 평온한 세계를 말한다.

• 리큐칠칙利休七則

첫째, 꽃은 들에 피어있는 것과 같이 하며,

둘째, 숯은 물이 끓을 정도로,

셋째, 여름에는 아주 서늘하게,

넷째, 겨울에는 아주 따뜻하게,

다섯째, 정해진 시간보다 좀 일찍 마치며,

■1 가로세로로 60cm 정도 되는 일본 차실의 문.
■2 송나라의 백운수단白雲守端, 1025~1072 선사가 오조산에 차선도량茶禪道場을 창설하였을 때 그의 제자 유원보劉元甫가 다도의 요긴한 관문인 다도제문茶道諦門을 정하고 다도회를 조직한 것에서 화경청적이란 말의 기원으로 전해진다.

여섯째, 날씨가 좋은 때도 우산을 준비하며,

일곱째, 자리를 함께한 손님에게 마음을 쓰는 것이다.

🌿 차인의 품성, 차와 인성

차생활은 사람됨을 온전하게 한다. 사람은 각자의 기질이 있다. 성미가 급한 사람, 자기 중심적인 사람, 배려하는 사람, 넉넉한 성품을 가진 사람 등등. 차를 마신다는 것은 어떤 대상이나 사물에 대한 즉각적인 반응에서 한발 물러나 생각하는 여유를 준다. 성질이 조급하거나 자기 중심적이어서 상대방을 불편하게 하는 기질을 가진 사람이 차가 가지는 여유로움으로 상대방을 배려하는 성향으로 변화가 가능하다.

이러한 변화는 차의 두 가지 특성에 의한다. 첫 번째는 차의 성분에 의한 과학적인 요소가 작용하기도 하고, 두 번째는 차를 통해 얻을 수 있는 사유의 인식으로 철학적인 요소가 작용한다. 차의 성분에 의한 변화가 육체적인 건강의 작용이라면, 차의 철학적인 요소는 사람의 품성, 즉 인성의 변화로 작용하게 된다.

옛 선인들은 인간을 천지의 기운과 상관하여 정의하였다. 송나라의 철학자 주돈이周敦頤, 1017~1073는 "오직 사람만이 그 중 빼어난 기운을 얻어서 가장 신령스럽다."[1]고 하였다. 또한 《논어》〈옹야편〉 주에서 정자程子[2]는 "천지가 정기를 저장함에 오행의 빼어남을 얻은 것이 사람이 되고, 하늘로부터 타고난 성품을 갖추었으니 그것이 인의예지신仁義禮智信"[3]이라고 말하였다. 오직 인간에게만 인의예지신의 오상五常이 있어서, 맑음과 탁함의 차이가 있고 그 탁한 기질을 맑은 기질로 바꿀 수 있다고 확신하였다. 그러므로 차생활을 통해서 맑은 기질로 바꿀 수 있음을 알 수 있다.

조선전기 이목은 《다부》에서 "차는 천지 사이의 순수한 기운을 머금어 해와 달의 고운 빛을 들이마신다."고 하였다.[4] 이 말은 차를 마시는 사람은 보다 도덕적인 인간으로 변할 수 있음을 시사하고 있다.

조선말 초의스님은 "예로부터 성현은 모두 차를 아꼈으니, 차는 마치 군자와 같아 성품에 삿됨이 없다."[5]라고 하였다. 차에 본성이 있는 것은 인간에게 본성이 있는 것과 같다. 그러므로 차를 마시면 인간의 기질을 변화시켜 완성된 성품으로 바꿀 수 있다.

송나라 휘종은 "차의 물건됨이 절동浙東과 복건福建 지역의 우수한 산물로서, 산천의 신령스러운 기운이 집중되어 있어 가슴을 열게 하고 체기를 씻으며, 맑고 화창한 기분을 내게 한다는 것을 모든 사람과 아이들도 알고 있다. 또한 담박하고 간결하며, 높은 운치는 고요함에 이르게 하고 소란한 시기에도 숭상받아온 것이다."[6]라고 하였다. 차의 이러한 기운이 몸도 마음도 건강하게 만들고 사람으로 하여금 간결한 성품으로 바꾸는 힘이 있기 때문에 사람들은 차의 가치를 높이 평가하고 차 마심을 즐기는 것이다.

---

[1] 주돈이, 〈태극도설〉, "惟人也得其秀而最靈."
[2] 중국 송나라의 정명도程明道,1032~1085와 정이천程伊川,1033~1107 두 형제를 말하며 이二 정자라고도 한다.
[3] 《論語》〈雍也〉 "天地儲精,得五行之秀者爲人,…五性具焉 曰仁義禮智信."
[4] 이목, 《茶賦》, "含天地秀氣,吸日月之休光."
[5] 草衣 〈奉和山泉道人謝之作〉, "古來賢聖俱愛茶,茶如君子性無邪."
[6] 徽宗,《大觀茶論》〈序〉 "至若茶之爲物,擅甌閩之秀氣,鐘山川之靈稟,祛襟滌滯,致淸導和, 則非庸人孺子可得知矣.沖澹閒潔,韻高致靜,則非遑遽之時可得而好尚知矣."

2부

•

차를 드리다

다례와 다구 다루기의 원칙

1. 언제나 손가락이 모두 모은 상태가 기본이다. 기물을 잡을 때만 엄지를 뗀다.

2. 시선은 항상 다구를 다루는 손에 집중한다.

3. 오른손을 기본으로 움직이되 다른 손이 항상 받쳐준다.
   기물이 크거나 무거운 것을 들 때는 반드시 두 손을 사용한다.

4. 다구끼리 서로 부딪치지 않도록 주의한다.

5. 다구를 놓을 때는 바닥에 손가락이 먼저 닿도록 하여 소리가 나지 않게 한다.

6. 물을 따를 때 특히 허리나 고개가 기울어지지 않도록 하고 흘리지 않도록 주의한다.

7. 열린 다구의 위는 반드시 피해서 움직인다.

8. 손의 동선은 태극과 같은 부드러운 곡선이 되게 한다.

9. 다구를 바닥에 놓은 채로 끌지 않도록 한다.

10. 무거운 것은 가벼운 듯이, 가벼운 것은 무거운 듯이 다룬다.

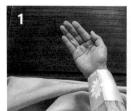 

08

좌식다례

유튜브에서 좌식다례 보기
https://youtu.be/cBBT3Dxh_60

일상의 행위로 서로를 즐겁게 하고 모두에게 편안함을 줄 수 있도록 하는 것은 자연스러움이다. 자연스러움은 절로 얻어지는 것이 아니라 의지를 가지고 목적에 맞게 지속적으로 익힐 때 얻어진다.

다례는 우리의 일상을 자유로 이끌어 준다.

다구의 종류와 배치

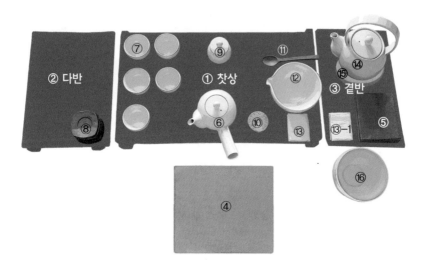

① 찻상 - 명주가 사용하는 3개의 상 중 가장 큰 것이며 정해진 위치에서 움직이지 않는다.

② 다반 - 우린 차를 담아 손님 앞으로 나르는 데 쓰며 찻상 왼쪽 옆에 세로로 맞추어 놓는다.

③ 곁반 - 탕관과 퇴수기, 교체용 다건 등을 올려놓는 데 사용한다. 다반과 같은 방향으로 찻상 오른쪽 옆에 놓는다.

④ 방석 - 다담상(손님 앞에 놓는 상) 쪽에는 앉을 사람들의 수대로 방석을 준비하고 명주석에 하나 더 준비한다. 명주의 방석은 두꺼우면 불편하다.

⑤ 찻상보 - 찻상 전체가 덮이고 사방 5cm 이상 남는 정도의 크기로 준비한다. 걷은 후에는 곁반에 놓는다.

⑥ 다관 – 앞 손잡이 형태의 다관이 가장 많이 사용되므로 이를 준비한다. 찻상의 아래쪽 중앙에 놓인다.

⑦ 찻잔 – 3~4모금 정도에 마실 수 있는 용량이 좋으며 찻상 왼쪽에 세로로 배치한다.

⑧ 잔받침 – 잔을 안정되게 받쳐줄 수 있어야 하며 소리가 나지 않는 것이 좋다.

⑨ 차호 – 마른 잎차를 담아두는 작은 용기로 뚜껑이 있어야 한다. 찻상 맨 위쪽 가운데 놓는다.

⑩ 뚜껑받침 – 다관의 뚜껑을 받쳐놓는 도구로, 다관의 옆에 놓는다.

⑪ 차시 – 차 분량을 가늠하여 다관에 넣는 도구로 차호 옆에 놓는다.

⑫ 숙우 – 물을 다관에 붓거나 탕수를 차 우리기 적절한 온도로 맞추는 데 사용한다. 다관의 오른쪽에 놓는다.

⑬ 다건 – 면이나 마 소재가 적당하며 찻상 오른쪽 하단에 놓고 사용한다.
  • 수업 시는 반드시 교체용 다건(⑬-1)을 준비하도록 한다.

⑭ 탕관 – 윗 손잡이가 쓰기 좋다. 곁반 위쪽에 놓는다.

⑮ 탕관받침 – 뜨거운 탕관을 받치는 용도로 사용하는 것으로, 뜨거운 기물을 놓을 때는 반드시 받침을 사용하도록 한다.

⑯ 퇴수기 – 넉넉한 크기의 안정감 있는 용기로 입구가 넓은 것이 좋다. 다례가 시작되면 곁반에서 바닥으로 내려놓는다.

1. 차를 내기까지

차 우리기

1. 가볍게 차를 내겠다는 예를 표한다.

2. 퇴수기를 곁반 아래 알맞은 위치로 옮겨놓는다.
   - 비어 있을 때는 한 손으로, 내용물이 있을 때는 두 손으로 들고 내린다.

3. 찻상보를 접어서 곁반 위의 제 위치에 놓는다.
   ① 상보 양 끝 중앙을 양손으로 잡고 무릎 위로 가져온다.
   ② 1/2로 접힌 상보를 그대로 위로 다시 한 번 더 가로 접기를 하여 1/4로 만든다.
   ③ 왼쪽 1/4 부분을 접고 오른쪽을 접어 1/16로 접어 곁반의 정해진 위치에 놓는다.

4. 다구를 알맞은 위치가 되게 정리한다.
   - 틀어지거나 제 위치에서 벗어난 도구는 제자리에 놓고 차시를 집어 상 바깥으로 2~3cm 정도 나오게 한다.

5. 다관뚜껑을 연다.

   ① 왼손을 오른 손목 아래 받치고

   ② 오른손 엄지와 검지, 중지 가운데로 뚜껑꼭지를 잡아

   ③ 전체를 들어올려 다관 바로 옆 뚜껑받침 위에 내려놓는다.

6. 다건을 든다.

   • 오른손으로 다건을 가져와 왼손으로 바꾸어 든다.

7. 탕관을 들어 가져온다.

   ① 손잡이 중앙에서 약간 뒤를 잡는 것이 좋다.

   ② 다건 든 왼손으로 탕관뚜껑을 누르고 숙우로 가져간다.

8. 준비된 수의 잔을 채울 만큼만 숙우에 탕수를 붓는다.

9. 탕관을 제자리에 내려놓는다.

10. 몸을 바로 세운다.

11. 숙우를 든다.

   ① 다건이 있는 왼손은 숙우 아래 굽에 닿도록 하여

   ② 오른손 손가락을 모두 붙인 채로 숙우의 바깥쪽 윗부분에 대고 들어
     올린다.

12. 숙우의 물을 다관에 따른다.
- 항상 물이 다관의 중앙에 떨어지도록 주의하여 붓는다.

13. 숙우는 왼손부터 찻상에 닿도록 하여 내려놓는다.

14. 다건을 왼손에서 오른손으로 옮겨 잡고 내려놓는다.

15. 다관뚜껑을 닫는다.

16. 다관을 들어 맨 위 ❶번 잔으로 가져간다.

① 오른손으로 다관 손잡이를 잡고, 왼손은 다관 아래를 받치면서 함께 들어올린다.
② 몸 가까이 온 후 왼손을 엎어 다관뚜껑에 대고 잔 쪽으로 간다.

17. 찻잔에 탕수를 부어 예온한다. ❶ → ❷ → ❸ → ❹ → ❺
- 예온하는 물은 잔의 약 8부 정도가 적당하다.
- 만약 탕수가 남으면 모두 퇴수기에 버린다.

18. 다관을 내려놓고 다관뚜껑을 열어 뚜껑받침 위에 놓는다.

19. 다건을 잡고 탕관을 들어 숙우에 탕수를 붓는다.

20. 탕관을 내려놓고 다건을 내려놓는다.

21. 차호를 가져와 뚜껑을 열어놓는다.
   - 오른손으로 차호를 가져 뚜껑을 열어놓는다.

22. 차시를 든다.

23. 차호를 다관 가까이 내린다.
   - 다관 주구와 손잡이 사이로 가져간다.

24. 차를 떠서 다관에 넣는다.

25. 차호를 몸 앞쪽으로 당긴다.

26. 차시를 내려놓는다.

27. 차호뚜껑을 가져와 닫고 제자리에 놓는다.

28. 다건을 들고 숙우의 탕수를 다관에 붓고 내려놓는다.

29. 다건을 내려놓고 다관뚜껑을 닫는다.

30. 찻잔을 예온한 물을 퇴수기에 버린다. ❺ → ❹ → ❸ → ❷ → ❶
   ① 왼손에 다건을 들고 오른손으로 잔을 들어 퇴수기 쪽으로 몸을 돌린다.
   ② 소리가 나지 않게 버린 후 다건에 물기를 흡수시키고 잔을 제자리에
      놓는다.
   - 잔을 모두 놓으면 다건을 내려놓는다.

31. 다관을 들어 왼손 위에 올려놓는다.

32. 다관을 부드럽게 시계방향으로 천천히 한 바퀴 돌리고 잠시 멈춘다.

33. 다관뚜껑 위에 왼손을 올린다.

34. 차는 두 번에 나누어 따른다. ❺ → ❹ → ❸ → ❷ → ❶ 순서로 따른 다음, 다시 ❶ → ❷ → ❸ → ❹ → ❺ 순서로 따른다.
   • 차를 찻잔 ❺에서 조금 따라보아 차색을 살핀다.
   • 만일 찻물이 남으면 숙우에 모두 따른다.

35. 다관을 내려놓는다.

36. 잔을 받침에 받쳐 다반에 놓는다.
   ① 잔받침을 잡아 왼손바닥 위에 놓는다.
   ② ❶번 잔부터 왼손 잔받침 위에 놓는다.
   ③ 다반의 정해진 자리에 놓는다.

37. 일어나 뒤로 한 걸음 물러난다.

38. 옆걸음으로 다반 앞으로 가서 선다.

39. 발뒤꿈치를 괴어 앉는다.

40. 다반 방향을 들기 좋게 조정한다.

　① 오른손은 6시, 왼손은 9시 방향으로 다반을 잡아 시계 반대방향으로 90° 돌린 후,

　② 왼손을 9시 방향으로 옮겨 든다.

🌿 손님께 차내기

41. 다반을 들고 일어난다.

42. 손님 다담상 앞으로 가져간다.

43. 다반을 내려놓았다가 돌려놓는다.

　① 다반을 내려놓는다.

　② 9시 방향 왼손을 6시 방향으로 든다.

　③ 시계방향으로 90° 돌려 명주의 오른쪽에 놓는다.

44. 다담상 앞으로 당겨 앉는다.

45. 차를 내겠다는 예를 표한다.

46. 맨 윗 손님부터 차를 낸다. ❶ → ❷ → ❸ → ❹ → ❺

  ① 오른손으로 잔받침을 잡아 왼손으로 오른손을 받쳐 손님 앞에 놓는다.

  ② 손님은 찻잔을 자기 앞으로 당겨 놓는다.

  • 명주 잔은 올리지 않는다.

47. 손님께 차 드실 것을 권한다.

48. 주빈은 명주에게 같이 차를 드실 것을 권한다.

49. 명주는 자신의 잔을 상 위에 올려놓는다.

50. 주빈은 가볍게 고개를 숙여 다함께 차를 드실 것을 권한다.

51. 주빈이 찻잔을 든다.

52. 명주와 다른 손님도 뒤따라 잔을 든다.

  ① 찻잔은 중심 → 가슴 → 코끝 → 입 순서로 들어올린다.

  ② 색, 향, 맛을 음미한다.

  ③ 모두 마신 후 찻잔을 내려놓는다.

53. 손님은 차에 대한 인사말을 한다.

  • 명주는 겸양의 대답을 한다.

54. 다 마신 빈 잔은 ❺ → ❹ → ❸ → ❷ → ❶ 의 순서로 걷어 다반에 놓는다.

55. 가볍게 예를 표한 후 자리에서 물러나 다반 앞으로 간다.

56. 발뒤꿈치를 괴어 앉아 시계 반대방향으로 다반의 방향을 바꾼다.

57. 다반을 들고 뒤로 2~3 걸음 물러나 방향을 바꾸어 명주석으로 이동한다.

58. 다반을 내려놓고 방향을 바꾸어놓는다.

59. 자리에서 일어나 뒷걸음, 옆걸음으로 명주석으로 가서 선다.

60. 명주석에 앉는다.

2. 설거지

61. ❺번 찻잔부터 찻잔만 들어 차상 위의 제 위치로 옮겨놓는다.
    · ❺ → ❹ → ❸ → ❷ → ❶ 순서로 처음 놓였던 자리에 놓는다.

62. ❺번 잔받침부터 하나씩 겹쳐놓는다.
    · 받침에 찻물이 있으면 다건으로 닦아 ❺부터 놓고 그 위에 ❹, ❸ 순으로 올려놓는다.

63. 다관뚜껑을 열어 뚜껑받침 위에 놓는다.

64. 왼손으로 다관의 손잡이를 잡고 든다.

65. 차시로 차 찌꺼기를 긁어 퇴수기에 버린다.

66. 다관은 찻상에 내려놓는다.

67. 다건을 든다.

68. 탕관을 들어 가져온다.

69. 숙우에 탕수를 붓는다.

70. 탕관을 내려놓고 숙우를 든다.

71. 숙우의 물을 다관에 따른 후 숙우와 다건을 내려놓는다.

72. 다관 손잡이를 오른손으로 잡고 퇴수기로 간다.

73. 다관을 재빨리 휘둘러 나머지를 퇴수기에 버린다.

74. 다관을 제자리에 놓는다.

75. 다건을 들고 탕관을 들어 숙우에 탕수를 붓는다.

76. 탕관을 내려놓고 숙우를 든다.

77. 숙우의 물을 다관에 따른 후 내려놓는다.

78. 다건을 내려놓고 다관뚜껑을 닫는다.

79. 다관을 들어 맨 위 잔으로 가져간다.

80. 찻잔에 탕수를 붓는다.(❶ → ❷ → ❸ → ❹ → ❺)

81. 다관을 내려놓는다.

82. 다건을 왼손에 바꾸어 든다.
   • 오른손 다건을 방향을 바꾸어 왼손이 받아든다.
   • 다건의 열린 쪽이 손가락 끝 쪽에 있다.

83. ❺번 잔부터 가져와 퇴수기에 버린다.

84. 다건 갈피에 잔을 넣어 닦아 제자리에 놓는다.
  ·엄지쪽 방향으로 돌려 닦는다.

85. 모아놓은 잔받침을 다반의 정해진 자리에 놓는다.

86. 차시 끝이 찻상 안으로 완전히 들어가도록 놓는다.

87. 사용한 다건은 곁반의 새것과 바꾸어 놓는다.

88. 찻상보를 덮는다.
  ① 찻상 쪽으로 밀듯이 덮어 찻상이 완전히 덮이도록 한다.
  ② 아래쪽 양 끝을 한 번 잡아주어 모양을 바로 한다.

89. 퇴수기를 올려놓는다.

90. 몸을 바로 세우고, 예를 표한다.

88 - ①

09

입식다례

유튜브에서 입식다례 보기
https://youtu.be/cBBT3Dxh_60

변화와 이동이 많고 함께 어울리는 시간이 소중한 현대에서
좋아하는 사람들과 한자리에서 차를 즐기기 위한 다법이다.
입식다례는 다양한 차를 편안하고 넉넉하게 마시며
대화하는 시간을 펼쳐 준다.

다구의 종류와 배치

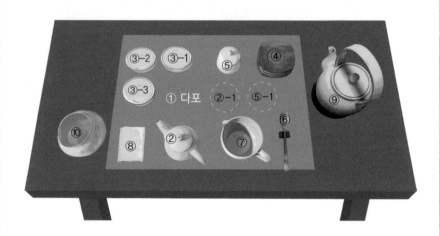

① 다포 – 명주가 차를 우릴 때 필요한 다기를 올려놓는 구획을 정한다.
  • 퇴수기와 탕관을 제외한 다른 다기들이 모두 올라가 무리 없이 움직일 수 있다면 크기와 형태 어떤 것도 무방하다.
  • 소재는 자유로우나 미끄러워 바닥에서 움직이는 소재는 피한다.
  • 무게감이 있는 것이 안전에 좋다.

② 다관 – 옆손잡이 형태의 다관이 가장 많이 사용되므로 이를 준비한다.
  • ②-1 : 다관뚜껑 놓는 자리

③ 찻잔 – 3~4 모금 정도에 마실 수 있는 용량이 좋다. 명주 잔은 ③-3에 둔다.

④ 잔받침 – 잔을 안정되게 받쳐줄 수 있고 소리가 나지 않는 것이 좋다.

⑤ 차호 – 마른 잎차를 담아 두는 작은 용기로 뚜껑이 있어야 한다.
  • ⑤-1 : 차호뚜껑 놓는 자리

⑥ 차시 – 차의 분량을 가늠하여 넣는 도구로 다포 오른쪽 끝에 놓는다.

⑦ 숙우(물식힘 사발) – 물을 다관에 붓거나 탕수를 차 우리기 적절한 온도로 맞추기 위해 사용한다.

⑧ 다건 – 건조하고 깨끗한 면이나 마 소재가 적당하다.

⑨ 탕관 – 끓여 놓은 탕수가 식지 않는 도구가 좋다.

⑩ 퇴수기 – 넉넉한 크기의 안정감 있는 용기가 좋다.

⑪ 있으면 더 좋은 다구
- 뚜껑받침 – 있을 경우 사용하면 좋다
- 차시받침 – 차시를 받쳐놓는 것으로 있으면 사용한다.
- 탕관받침 – 단열이 잘되는 보온도구라면 생략해도 된다.

1. 차를 내기까지

🌿 차 우리기

1. 명주와 손님은 선 채로 마주보고 예를 표한다.

2. 명주는 손님을 차석으로 안내해 자리에 앉도록 한다.

3. 손님이 자리에 앉으면 명주도 명주석에 앉는다.

4. 명주는 가볍게 예를 표하고 차를 낼 것을 알린다.

5. 다관뚜껑을 연다.
   ① 왼손을 오른손목 쪽으로 받치고
   ② 엄지와 검지, 중지 가운데로 뚜껑꼭지를 잡아
   ③ 전체를 들어올려 정해진 위치에 내려놓는다.

6. 탕관을 들어 숙우에 예온할 물을 붓는다.
   • 준비된 잔을 채울 만큼만 숙우에 탕수를 붓는다.
   • 탕관의 높이는 물이 튀지 않을 정도가 적당하다.

7. 탕관을 제자리에 내려놓는다.

8. 숙우를 든다.

9. 숙우의 물을 다관에 따른다.
   • 항상 물이 다관의 중앙에 떨어지도록 주의하여 너무 급하지 않게 붓는다.

10. 숙우를 내려놓는다.

11. 다관뚜껑을 닫는다.

12. 다관을 들어 맨 위 ❶번 잔으로 가져간다.
    ① 오른손으로 다관의 손잡이를 잡는다.
    ② 왼손은 다관 몸체 아래 부분에 대어 함께 들어올린다.
    ③ 몸 가까이 온 후 왼손을 엎어 뚜껑에 댄다.

13. 찻잔에 탕수를 부어 예온한다. ❶→❷→❸
    • 만약 탕수가 남으면 모두 퇴수기에 버린다.

14. 다관을 내려놓고 다관 뚜껑을 연다.

15. 탕관을 들어 숙우에 탕수를 붓는다.

16. 탕관을 내려놓는다.

17. 차호를 가져와 뚜껑을 열어놓는다.

　① 차호를 오른손에 잡고 몸 앞으로 가져온다.
　② 왼손바닥의 손가락이 모인 안쪽 부분에 놓는다.
　③ 차호뚜껑을 열어 정해진 위치에 내려놓는다.

18. 차시를 든다.

　① 차시 손잡이 뒤를 엄지와 검지로 집어 들어올린다.
　② 차시를 보통 숟가락 잡듯이 잡는다.

19. 차호를 다관 가까이 내린다.

　• 다관의 주구와 손잡이 사이로 가져간다.

20. 차를 떠서 다관에 넣는다.

　• 차를 뜬 차시가 다관 입구에 살짝 들어가게 차를 넣는다.

21. 차호를 몸 앞쪽으로 당긴다.

22. 차시를 내려놓는다.

23. 차호뚜껑을 가져와 닫는다.

24. 차호를 제자리에 놓는다.

25. 숙우의 탕수를 다관에 붓고 내려놓는다.
   • 숙우에 담긴 물의 온도를 가늠하여 다음 행동의 속도를 조절한다.

26. 다관뚜껑을 닫는다.

27. 찻잔을 예온한 물을 퇴수기에 버린다. ❸ → ❷ → ❶
   ① 왼손으로 잔을 잡아
   ② 소리가 나지 않게 퇴수기에 버린다.
   ③ 버린 대로 잔의 각도를 유지하여 다포에 놓여 있는 다건에 잔시울을 댄다.
   ④ 원래 자리에 놓는다.

28. 다관을 들어 몸 앞에서 왼손바닥 위에 올려놓는다.

29. 다관을 천천히 부드럽게 시계방향으로 한 바퀴 돌리고 잠시 멈춘다.

30. 다관뚜껑 위에 왼손을 올린다.

31. 다관의 차를 찻잔 ❸에서 조금 따라보아 차색을 가늠한다.
   • 차색을 보아 다음 속도를 조절하여 차의 농도가 알맞도록 한다.

32. 차는 두 차례에 나누어 따르는데, ❸ → ❷ → ❶ 순으로 따른 다음 ❶ → ❷ → ❸의 순으로 다시 따른다.

 • 만일 차가 남으면 숙우에 모두 따른다.

33. 다관을 내려놓는다.

34. 잔을 잔받침에 받쳐 손님께 낸다.

① 잔받침을 들어 왼손바닥 위에 놓는다.
② 1번 잔부터 들어 왼손의 잔받침 위에 놓는다.
③ 잔받침을 양손 엄지와 검지로 잡는다.
④ 한 손은 잡고 다른 손은 들고 있는 손을 받친다.
⑤ 정해진 자리에 놓는다.

35. 명주 잔도 잔받침에 받쳐 정해진 자리에 놓는다.

36. 손님께 차를 권한다.

37. 손님은 가볍게 예를 표하고 잔을 들어 마신다.

2. 두 번째 차 내기

38. 명주는 다음 차를 준비한다.

39. 다관뚜껑을 열어놓고 탕관으로 숙우에 탕수를 붓는다.

40. 숙우의 탕수를 다관에 붓고 숙우를 내려놓는다.

41. 다관뚜껑을 닫는다.

42. 두 번째 차가 우러나는 동안 명주도 차를 마신다.

43. 다관의 차를 숙우에 모두 따른다.

44. 숙우를 손님들께 내어 드린다.
   • 따라 마시기 편하게 주구를 돌려낸다.

45. 손님은 숙우를 들어 각자 자신의 잔에 따라 마신다.

46. 손님은 명주에게도 차를 권한다.

47. 차를 다 따라서 숙우가 비워지면 명주 가까이 내어준다.

34 - ⑤

44

48. 명주는 비워진 숙우에 다시 차를 낸다.

49. 서로 담소하고 편안하게 마신다.

50. 찻자리가 끝나면 인사를 하고 마친다.
- 설거지는 좌식다례와 같다.

10

말차다례

유투브에서 말차다례 보기
https://youtu.be/cBBT3Dxh_60

말차다례는 고려 때 성행했던 다법이다.

간결하고 절제된 아름다움이 돋보이면서도

살풋 드러나는 화려함이 일품이다.

혼자서도 손님께도 최고의 존중을 나타낼 수 있는 다례이다.

다구의 종류와 배치

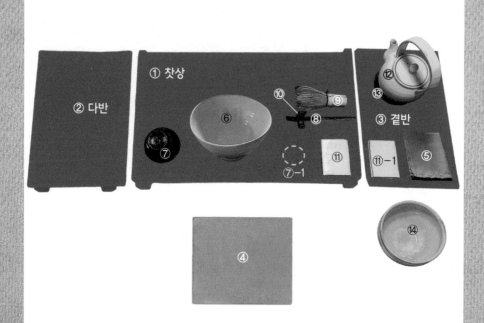

① 찻상 – 정해진 찻상 위치는 움직이지 않는다.

② 다반 – 완성된 차를 담아 손님 앞으로 나르는 데 쓰인다. 찻상 왼쪽 옆에 세로로 맞추어 놓는다.

③ 곁반 – 탕관과 퇴수기, 교체용 다건 등을 올려놓는 데 사용한다. 다반과 같은 방향으로 찻상 오른쪽 옆에 놓는다.

④ 방석 – 각 소반당 하나씩 방석을 준비하고 명주석에 하나 더 준비한다.

⑤ 다완보 – 정사각형으로 다완을 덮을 정도의 크기이면 된다.
  • 다완을 사용할 때에는 접어서 곁반에 둔다.

⑥ 다완 – 찻가루와 물이 잘 섞이고 격불이 잘 되는 크기가 좋다.

⑦ 차호 – 찻가루를 담아 두는 작은 용기로 뚜껑이 있어야 한다.
  • ⑦-1 : 차호뚜껑 놓는 자리

⑧ 차시 – 차의 분량을 가늠하여 다완에 넣는 도구로 차선과 함께 놓는다.

⑨ 차선 – 찻가루와 물을 섞는 도구로 주로 대나무 소재이다.

⑩ 차선, 차시받침 – 차선과 차시를 받쳐놓는 것으로 둘 다 올려놓을 만큼 길이가 충분한 것이 좋다.

⑪ 다건 – 면이나 마소재가 적당하며 접었을 때 손안에 들어와야 한다.
  • ⑪-1 : 교체용 다건

⑫ 탕관 – 위 손잡이가 쓰기 좋다. 곁반 위쪽에 놓는다.

⑬ 탕관받침 – 뜨거운 기물을 놓을 때는 반드시 받침을 사용하도록 유도한다.

⑭ 퇴수기 – 넉넉한 크기의 안정감 있는 용기로 입구가 너른 것이 좋다.

1. 말차다례의 실제

🌿 말차 점다와 격불

1. 다례를 시작하는 예를 표한다.

2. 퇴수기를 내린다.

3. 다완보를 걷어서 제 위치에 놓는다.

　① 다완보 중간 양끝을 들고 앞으로 당긴다.
　② 1/2로 접힌 다완보를 반 접어 1/4로 접는다.
　③ 오른손으로 정해진 위치에 놓는다.

4. 다건을 든다.

　① 오른손으로 다건을 들어
　② 양 손바닥을 마주 합해 왼손으로 바꾸어 든다.

5. 탕관을 들어 가져온다.

　① 오른손으로 들고 몸쪽으로 당긴다.
　② 다건을 뚜껑 위에 얹고 다완 가까이 가져간다.

6. 다완에 예온할 탕수를 붓는다.
　● 다완의 1/3 정도 차선을 적실 수 있을 만큼 충분히 붓는다.

7. 탕관과 다건을 내려놓는다.

　① 탕관을 당겨들었다가 제자리에 놓는다.
　② 다건을 오른손에 옮겨 제자리에 놓는다.

8. 차선을 들어 다완에 넣는다.

　① 오른손이 차선을 든다.
　② 다완에 넣는다.

9. 다완과 차선을 적신다.

　① 왼손으로 다완의 왼쪽을 받치고
　② 차선을 천천히 흔들어 충분히 예온한다.

10. 차선을 차선받침에 놓는다.

　① 오른손의 차선을 다완에서 직선으로 들어올린다.

　② 차선을 눕히며 왼손이 받들고 오른손이 차선을 잡아 제자리에 놓는다.

11. 다완의 물을 퇴수기에 버린다.

　① 양손으로 다완을 든다.

　② 퇴수기 쪽으로 몸을 돌린다.

　③ 내 몸 쪽으로 다완을 숙여 예온수를 버린다.

12. 다완을 내려놓는다.

13. 다건으로 다완의 내부를 눌러 닦는다.

　① 다건을 오른손에 든다.

　② 다건으로 다완 안쪽을 눌러 물기를 없앤다.

14. 다건을 제자리에 놓는다.

15. 오른손으로 차호를 들어 왼손 위에 올려놓는다.

16. 오른손으로 뚜껑을 열어 정해진 위치에 놓는다.

17. 오른손으로 차시를 든다.

18. 차호와 차시를 든 손을 다완 가까이에 가져간다.

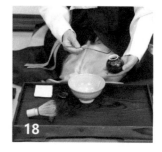

10 - ②　　　13　　　18

19. 말차를 다완에 넣는다.

　① 두세 번 차를 떠서 다완에 넣는다.

　② 차시 끝을 다완 바닥에 살짝 쳐서 가루를 떨친다.

20. 차시를 차시받침에 놓는다.

21. 차호뚜껑을 닫는다.

22. 차호를 오른손으로 잡아 제자리에 놓는다.

23. 다건을 들고 탕관을 든다.

24. 탕수를 다완에 붓는다.

　● 가루가 날리지 않도록 찻가루 위에 붓지 않는다.

25. 탕관과 다건을 내려놓는다.

26. 차선을 든다.

27. 왼손을 다완에 댄다.

28. 차선으로 격불한다.

　① 찻가루가 물과 전체적으로 엉기도록 천천히 위아래로 젓는다.

　② 손목에 반동을 주며 빠르게 격불한다.

　　● 다완 바닥을 긁지 않도록 주의한다.

　③ 거품이 충실해졌으면 나선을 그리며 차선을 가운데로 가져온다.

29. 차선을 차선받침 위에 놓는다.

30. 다반에 다완을 옮긴다.
   - 다완을 양손으로 받들 듯 들어올려 다반에 내려놓는다.

31. 일어나 뒤로 한 걸음 물러난다.

32. 옆걸음으로 다반 앞으로 가서 선다.

33. 발뒤꿈치를 괴어 앉는다.

34. 다반을 들고 일어난다.

35. 손님상 앞으로 가져간다.

손님께 차내기

36. 다반을 내려놓는다.
   - 무릎 옆으로 놓는다.

37. 차를 내겠다는 의미의 예를 표한다.

38. 차가 든 다완을 손님상에 올려놓는다.

  ● 손님은 다완을 앞으로 당긴 후 예를 표한다.

39. 명주는 물러나겠다는 예를 표한다.

40. 다반을 들고 일어난다.

  ① 발뒤꿈치를 괴어 앉은 후
  ② 몸을 틀어 다반을 들고
  ③ 오른쪽 무릎을 세우며 일어난다.

41. 제자리로 돌아와 다반을 내려놓는다.

42. 명주석에 돌아가 앉는다.

43. 손님이 차를 다 드시면 다반을 가지고 일어난다.

44. 손님께로 가서 다반을 내려놓는다.

45. 다완을 물리겠다는 예를 표하고 빈 다완을 다반에 옮긴다.

46. 물러나겠다는 예를 표하고 일어난다.

47. 다반을 들고 일어나 뒤로 2~3 걸음 물러난다.

48. 방향을 바꾸어 명주석으로 이동하여 다반을 내려놓는다.

49. 자리에서 일어나 뒷걸음, 옆걸음으로 명주석으로 가서 선다.

50. 명주석에 앉는다.

2. 설거지

51. 빈 다완을 찻상으로 옮긴다.

52. 다건을 들고 탕관을 든다.

53. 다완에 탕수를 붓는다.

54. 탕관과 다건을 내려놓는다.

55. 차선을 든다.

56. 다완과 차선을 충분히 적시며 헹군다.

57. 차선을 차선받침에 놓는다.

58. 다완을 들어 시계 반대방향으로 한 바퀴 돌려 헹군다.

59. 다완의 물을 퇴수기에 버린다.

60. 다완을 내려놓는다.

61. 다건으로 다완을 돌려 닦는다.

  ① 다건 사이에 다완의 시울을 끼운 후
  ② 두 손으로 다완을 들고 돌려가며 모두 닦는다.

62. 다완을 내려놓고 안쪽을 눌러 물기를 없앤다.

63. 다건을 왼손에 든다.

64. 차시를 들어 다건 갈피에 넣어 닦는다.

65. 차시를 제자리에 놓는다.

66. 사용한 다건을 새것으로 바꾸어 놓는다.

67. 다완보를 가져와 다완을 덮는다.

  ① 가져온 손모양 그대로 다완보를 들어
  ② 접힌 양 끝을 들어 펼친다.
  ③ 접힌 곳이 몸 쪽으로 오도록 무릎에 놓는다.
  ④ 다완보의 위쪽 양 끝을 들어 다완을 덮는다.

68. 퇴수기를 올려놓는다.

69. 몸을 바로 세우고 가볍게 예를 표한다.

70. 자리에서 일어난다.

11

예절이 즐거운 차

한 잔의 차는 자연과 인간, 사람과 사람들을 이어주며
살아가는 이야기를 나눌 수 있도록 한다.
다양한 사람들이 차를 마실 때 서로 배려하는
최소한의 약속이 지켜진다면
그 자리가 더욱 즐거워질 것이다.
이러한 배려를 우리는 예禮라고 한다.

1. 찻잔을 받았습니다

갑자기 찻자리에 앉게 될 때가 있습니다. 지나가다 멋진 찻집이나 차를 파는 곳에 들렀을 때, 혹은 아는 사람들에 이끌려 우연히 방문한 곳의 주인이 차를 즐기는 사람일 때 우리는 찻자리에 앉게 됩니다.

손잡이 없는 작은 잔과 받침을 받았습니다

손잡이가 없는 작은 잔은 대부분 동아시아 3국한국, 중국, 일본의 차를 마실 때 쓰입니다. 차는 다양한 종류가 있지만 대부분 작은 크기의 잔과 잔받침이 주어집니다.

첫째 대부분의 차는 뜨거운 물에 우리기 때문에 공중에서 주고받으면 자칫 놓칠 수도 있으니 손님 앞에 놓아 줍니다.

둘째 찻잔을 받으면 가볍게 고개 숙여 감사의 마음을 전하면 좋습니다. 찻잔을 받을 때마다 매번 하지 않아도 됩니다. 차는 대부분 여러 번에 걸쳐 나오니까요. 찻상의 폭이 넓어 거리가 멀다면 살짝 당겨서 앞에 놓습니다.

셋째 잔받침은 두고 잔만 듭니다. 대체로 오른손으로 잡고 왼손은 잔 아래를 받쳐 듭니다. 꼭 오른손으로만 들어야 하냐고요? 그렇지는 않습니다. 반대로 해도 됩니다. 다만 여러 사람이 가깝게 앉아 있다면

자칫 부딪치기가 쉬우니 조심해야 합니다.

넷째 첫잔은 모두 마시고 잔을 내립니다. 한두 모금 마시고 찻잔을 내려놓으면 차를 내는 분이 걱정스럽게 여길 수 있습니다. 차의 맛을 충분히 느끼고 잔받침에 내려놓은 후 차에 대해 칭찬 한마디를 한다면 더욱 즐거운 찻자리가 이어질 것입니다.

손잡이가 있는 찻잔을 받았습니다

손잡이가 있는 잔은 주로 홍차를 마실 때 사용합니다. 유럽식 홍차를 즐기는 자리에는 잔과 잔받침, 티스푼 등이 준비되어 있습니다. 그 외 각설탕과 집게가 나올 때도 있습니다.

첫째 잔을 잡을 때는 잔 손잡이에 손가락을 넣지 않고 손잡이를 잡습니다. 잔이 무거울 경우에는 살짝 왼손으로 받쳐 들어도 괜찮습니다.

둘째 잔받침은 들고 마셔도 되고 놓고 마셔도 됩니다. 잔받침을 들 때는 티스푼이 떨어지지 않도록 조심합니다. 차를 저어 티스푼이 젖었

을 때는 테이블보 위에 놓지 않아야 합니다.

　셋째　가루설탕일 경우 설탕통을 가까이 가져와 흘리지 않도록 티스
푼을 이용하여 넣습니다. 각설탕과 같은 고체설탕은 설탕용 집게를 사
용합니다.

특이한 잔을 받았어요

• 개완蓋椀

　개완은 차를 우리는 다관
과 찻잔을 겸합니다. 잔받침
째로 들고 찻잎이 입안으로
들어오지 않도록 뚜껑을 조
금만 열어 마십니다. 잔을 내
려놓을 때 뚜껑을 닫으면 향과 온도를 지켜 줍니다. 다시 뜨거운 물을
부어 여러 번에 걸쳐 마실 수 있습니다.

? 그만 마시고 싶어요. 어떻게 해야 하나요?

첫잔 이후에 천천히 마시고 싶다면 잔에 차를 조금 남겨 내려놓으면 됩니다. 잔을 모두 비우면 다시 채워 주거든요. 잔을 모두 비웠다면, 차를 따라 주려고 할 때 잔 위에 가볍게 손을 대어 그만 마시고 싶다는 표시를 합니다.

? 소리를 내서 마셔야 맛을 충분히 느낄 수 있다는 말을 들었어요. 하지만 소리를 내면 실례라고 알고 있는데 어느 것이 맞나요?

어떤 음식이든 소리 나지 않게 먹는 것이 기본이지만, 소리 나게 흡입하며 입안에서 굴리는 때가 있습니다. 전문적으로 차를 감별하고 품평하기 위해 하는 검수방법 중 하나입니다. 평상시 찻자리라면 소리 내지 않고 마시는 것이 모두를 편안하게 한답니다.

? 옆 사람하고 얘기해도 괜찮을까요?

얼마든지 괜찮습니다. 단 지나친 큰 목소리나 전혀 관련 없는 주제 등은 늘 삼가면 좋습니다. 그리고 차를 우리는 동안 차를 내는 분께 말을 걸면 차를 우리는 데 방해가 되니 피하는 게 현명한 일입니다.

? 안경에 김이 서렸어요, 찻상에 내려놓아도 되나요?

아무것도 놓지 않는 것이 좋지만 편한 자리에서는 잠시 내려놓는 것도 괜찮습니다.

• 다완

거품이 가득한 차가 담긴
잔이 나옵니다. 잔이 커서 한
손으로는 들지도 못할 것 같
습니다. 다완입니다. 두 손으
로 감싸서 들거나 오른손 엄

지를 벌려 잡고 왼손은 아래를 받쳐듭니다. 다 마시고 나면 뜨거운 물을
줍니다. 다완에 조금 부어 마시면 깔끔한 향과 맛을 느낄 수 있습니다.

• 문향배聞香杯

차향을 중심으로 즐기기 위해 만들어진 잔입니다. 좁고 옆으로 긴 잔
받침 위에 마시기 위한 잔과 향을 즐기기 위한 잔, 이렇게 두 개가 있
습니다. 그 중 길고 좁은 형태의 잔에 차가 담겨 나옵니다. 차를 즐기
는 순서는 아래 사진설명과 같습니다.

① 낮은 잔에
   차를 옮겨 담습니다.

② 긴 잔에 남아 있는
   향을 즐깁니다.

③ 차를 부어놓은
   낮은 잔을 들어 마십니다.

2. 찻자리에 초대받았습니다

차를 제대로 즐기기 위한 자리에 초대받아 갈 때가 있습니다. 차를 좋아하는 사람들이 모이는 자리이니 조금 신경이 쓰입니다. 무엇을 점검해야 할지 궁금합니다.

🌿 가기 전에

• 초대받은 내용과 장소에 대해 잘 파악합니다

날짜와 시간은 물론이고 신발을 신고 들어가는 곳인지, 벗고 들어가야 하는지, 찻자리가 의자에 앉는 것인지 바닥에 앉는 좌식인지 아는 것이 필요합니다. 찻자리는 오래 천천히 즐기는 것이어서 차림새가 상황에 맞지 않으면 불편할 수 있습니다.

• 참석 여부를 알려주세요

준비하는 사람의 입장에서는 인원수나 참석자가 누구인가에 따라 고려해야 할 것들이 많습니다. 꼭 참석 여부를 알려주세요. 피치 못할 사정이 갑자기 생긴다면 반드시 초대한 곳에 알립니다. 약간 섭섭할 수도 있겠지만 몰라서 당황스러운 것보다는 나으니까요. 그리고 나중에 사과의 전화를 하는 것이 좋습니다.

• 차림새를 살펴봅니다

특별한 드레스 코드가 있지 않는 한 깔끔하고 노출이 심하지 않은 것이면 됩니다. 초대받은 곳이 좌식일 경우 오래 앉아 있어야 할 것을 고려하여 의상을 결정합니다. 짧은 치마, 꽉 끼는 바지는 여러분의 다리를 불편하게 할 거예요.

한복의 경우 넓고 큰 소매 풍성한 치마, 과한 장식과 긴 고름은 차를 마시는 데 방해가 됩니다. 의례가 있는 찻자리가 아니라면 보기 좋은 생활한복도 잘 어울립니다.

신발을 벗어야 할 경우에는 양말도 신경 써야 합니다. 특히 날씨가 무더워 양말을 잘 신지 않는 여름에는 덧버선을 지참합니다. 두꺼운 가락지나 큰 반지, 장식이 붙은 팔찌는 찻자리에서 의외로 불편합니다. 만지는 다구들이 대부분 도자기이기 때문에 부딪혀 소리가 나거나 표면에 상처를 줄 수 있어요.

• 향을 주의합니다

개인적 취향으로 사용하는 향수는 차향을 즐기는데 방해요소로 작용합니다. 핸드크림도 고려해 주세요. 향이 강하면 차를 마실 때마다 차향과 섞여 맛을 해치기 쉽습니다.

• 도착은 언제쯤이 좋을까요?

정해진 시간보다 조금 일찍 도착하도록 합니다. 너무 이르게 도착하면 찻자리 주인이 당황할 수 있으므로, 5분에서 10분 정도면 반갑게 인사를 하고 손을 씻는 등의 시간으로 적당합니다.

• 어디에 앉을까요?

일반적으로 주인이 오시는 분들의 연령 등을 배려해서 자리를 정합니다. 어디에 앉아야 하는지는 안내에 따르면 됩니다. 늦지 않게 도착한다면 자리를 찾는 데 어려움이 없을 것입니다.

• 찻자리에 방석이 놓여 있습니다

좌식문화에서 방석은 함께 사용하므로 발로 밟지 않는 것이 기본입니다. 움직일 때는 방석에 사람이 없어도 뒤로 다니는 것이 좋습니다.

  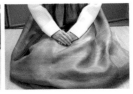

① 방석에 발이 들어갈 정도로 바짝 다가섭니다.

② 왼발을 뒤로 하면서 몸을 낮춥니다.

③ 왼 무릎 먼저 대면서 꿇어 앉은 다음 편한 자세로 앉습니다.

🌿 도착 후

찻자리 초대는 대부분 여러 사람이 모입니다. 함께 하는 동안 서로 배려한다면 더욱 즐거운 시간이 될 것입니다.

차실 바깥에 손씻는 곳이 마련되어 있다면 그곳에서, 없다면 들어가는 즉시 안내를 받아 손을 씻고 차실에 들어갑니다.

? 선물을 들고 가야 하나요?

정식 찻자리라면 찻자리의 모든 것을 주인이 준비합니다. 가벼운 찻자리일 경우에는 함께 먹을 수 있는 다과나 작은 선물을 준비하는 것도 좋습니다.

? 신발을 벗고 들어가는 곳이네요. 신발을 돌려놓아야 하나요?

나라나 종교마다 다르지만 우리나라의 경우 돌려놓지 않습니다. 신발은 집 안 쪽으로 향하게 벗은 뒤, 안내가 있으면 지정된 장소에 두거나 현관 쪽으로 흩어지지 않도록 정돈해 줍니다. 현관 가운데는 비워 주세요. 전통 한옥이라구요? 댓돌이 있다면, 위에서 벗되 내려놓으면 됩니다.

? 무릎 꿇는 자세로 앉았더니 다리가 저리고 너무 아파요.

주인과 주변에 양해를 구하고 고쳐 앉습니다. 하지만 아무리 아파도 다리를 쭉 뻗고 앉는 것은 곤란하겠죠? 쥐가 나면 역시 양해를 구하고 찻자리를 벗어나 다른 곳에서 처치를 하는 것이 여러모로 유익하겠습니다.

? 외투는? 가방은? 휴대폰은?

휴대폰은 가방에 무음으로 해서 넣고 찻자리에 들어야 합니다. 가방과 외투는 보통 주인이 놓을 곳을 안내합니다만, 만일 그런 곳이 없다면 외투는 작게 접어 내가 앉는 방석 뒤 벽에 붙여서 놓고 가방도 그 위에 놓거나 바로 옆에 붙여 놓습니다.

• 먼저 오신 분이 있네요

여러 사람이 모였을 때는 초대한 주인이 소개하는 것이 원칙입니다만, 가끔 각자가 소개하는 경우가 있을 수 있습니다. 대외적으로 명함이 있으면 주고받습니다. 없는 경우 간단하게 하는 일과 이름을 소개합니다. 학생일 경우는 학교와 이름을 말하면 됩니다.

• 찻자리에서 먼저 와서 앉아 있는 사람과 인사는 어떻게 할까요?

연장자가 오시면 일어나 인사합니다. 이미 찻자리가 시작되었다면 목례만으로 가능합니다. 내가 먼저 인사를 했는데 상대가 보지 못했다면 상황을 봐서 다시 인사합니다.

🌿 차가 나오면

오늘 찻자리에 모이는 분들이 다 오셨습니다. 이제 앉아 차를 기다립니다.

• 주인이 차를 내기 시작했습니다

가벼운 차모임의 경우 주인이 차를 우리기 전이라면 서로 인사를 나누며 대화를 해도 괜찮습니다. 하지만 주인이 차를 우리기 시작하면 목소리를 낮추어 주인이 차 우리는 데 집중할 수 있도록 해야 합니다. 첫 번째 차가 나올 때까지 주인에게 말을 걸면 안 되지만 두 번째, 세 번째로 차탕이 거듭되거나 차를 바꾸어 낼 때는 주인과 가벼운 대화가 가능합니다.

다례가 행해지는 정식 찻자리는 차와 함께 차를 내는 명주^{茗主}의 행다^{行茶}가 매우 중요한 감상 요소입니다. 조용히 지켜보며 다례의 아름다움에 빠져봅니다. 이런 찻자리에서는 주최하는 사람과 명주가 각각 따로 있어 주인이 차 진행을 안내하기도 합니다.

• 차가 나왔습니다

차가 나오면 주인에게 인사를 하고 차를 마십니다.

모두에게 차가 나누어지면 주인 먼저 맛을 보고 목례로 인사합니다. 드시도록 권하는 예이기도 하지요. 그러면 같이 가볍게 목례하고 잔을 듭니다. 이때 연장자부터 잔을 드는 것이 좋습니다.

말차는 한 사람씩 순차적으로 나오게 됩니다. 내 앞에 차가 놓이면 먼저 차를 내준 주인에게 목례를 한 다음, 옆사람에게 가볍게 예를 표하고 마십니다.

• 다찬회Tea Party

대규모 티파티에서는 서서 마시는 경우가 대부분입니다. 다과와 차를 함께 담을 수 있는 작은 다반이 제공되는 곳이 많습니다. 한손에 다반을 들고 다른 손으로 잔을 들고 마시면 됩니다. 이런 경우에는 차를 마시다가 중간에 찻잔받침에 찻잔을 내려놓고 대화를 이어가도 좋습니다.

• 다과가 나오면 먹습니다

다과는 차를 맛있게 하고 분위기를 즐겁게 하는 중요한 찻자리 구성입니다. 보통 잎차는 차를 한 차례 마시고 나서 다과를 먹고, 말차는 마시기 전에 다과가 나옵니다. 큰 그릇에 나올 경우 정해진 몫 이상을 가지고 오지 않도록 하고, 남은 다과들이 흐트러지지 않도록 주의합니다. 내 몫의 다과가 남았다면 각자 싸서 갈무리합니다.

• 차를 내는 분께 배려해야 하는 것들이 있습니다

가벼운 차모임에서 첫 번째 차를 마신 후에는 다병茶瓶으로 차를 내기도 합니다. 잔이 빈 사람이나 가까운 곳에 앉은 사람이 가져가 따릅니다. 다병을 마지막으로 비운 사람은 명주에게 돌려줍니다.

차를 낸 주인의 정성에 제대로 답하려면 손님은 차가 식지 않게 마셔야 하겠습니다. 차는 계속해서 제공되는데 대화에 열중하느라 마시지 않고 있다면 주인과 다음 사람에게 예가 아닙니다.

헤어지는 시간입니다

주인의 초대로 여러 사람이 모여 함께 차를 마신 넉넉함과 배려의 시간이었습니다. 좋은 차와 사람과 시간이 함께 했던 추억이 될 것입니다. 찻자리를 마칠 때 어떤 행동들이 필요할까요?

• 주인께 인사

자리가 끝나면 주인의 마무리 안내에 따라 인사를 나눕니다. 초대해

주어 좋은 사람들과 차를 마시게 해준 것에 대해 고맙다는 인사를 드려야 할 시간입니다.

먼저 일어나 나가기 전 차도구들은 함부로 만지지 말고 주인이 안내하는 대로 합니다. 무리하게 도우려다가 차도구들을 상하게 할 경우가 있으니 적당한 곳으로 밀어주는 것까지만 하면 서로 편안할 것입니다.

• 함께한 사람들과 인사

오늘 찻자리를 함께한 분들과도 인사를 나눕니다. 먼저 주인과 인사를 나눈 뒤에 앉은 좌석에서 오늘 자리를 같이한 분들에게 반가웠다는 인사와 다음에 또 만날 수 있기를 바란다는 인사말을 합니다.

돌아왔습니다

오늘 찻자리에서 마음 가득 풍성함과 고마움을 안고 집으로 돌아왔습니다. 초대해 주신 찻자리 주인에게 전화나 문자, SNS 등 상대가 받아보기 쉬운 방법으로 잘 도착했다는 인사를 전합니다. 그리고 온라인에 사진을 올리는 경우에는 반드시 초상권에 대한 양해와 주최자의 허락을 받는 것도 중요합니다.

3. 찻자리에 초대했습니다

맛있는 차를 함께 마시기 위해 좋은 사람들을 초대했습니다. 차를 좋아하는 사람들이 모이는 자리인지, 차에 익숙하지 않은 대상인지도 고려하고 여러 가지 준비해야 할 것들이 많습니다.

준비해 봅시다

• 초대할 사람들에게 정확하게

과거에는 초대장을 준비해 우편으로 발송하고 회신용 봉투와 우표까지 동봉해 참석여부를 받았지만 요즈음은 번거롭고 시간이 걸리는 데다 정확한 전달 여부도 불투명 하므로 온라인을 많이 이용합니다. 전화통화로 하기도 하지만 자칫 바쁜 일정에 잊기 쉬우니 문자메시지나 SNS 등으로도 정확한 일시, 장소를 비롯한 주요 정보를 알립니다. 할 수 있다면 초대장을 이미지로 예쁘게 만들어 보내면 금상첨화가 되겠죠?

가벼운 찻자리라면 날짜와 시간, 장소, 오는 방법, 간단한 목적, 모이는 사람 수, 입식인지 좌식인지 등만 알리면 되겠습니다.

정식 찻자리의 경우에는 자세할수록 좋습니다. 기본 정보 외에 드레스코드나 개인이 준비해야 할 것을 알리고. 차와 다과, 향 등도 간단히 안내해 주면 좋습니다.

• 내 차림새를 살펴봅니다

손님을 초대하고 관련된 것들을 준비할 때 정작 주인인 자신에게 소홀하기가 쉽습니다. 주인은 전체를 대표하므로 미리 차림새를 잘 준비하도록 합니다.

특별한 드레스 코드가 있지 않는 한 깔끔하고 노출이 심하지 않은 것이면 됩니다. 주인은 할 일이 많으므로 장식이 많은 옷은 찻일을 하는 데 방해가 됩니다.

한복의 경우 긴 고름과 노리개는 찻자리를 번거롭게 만듭니다. 차를 내는 명주의 경우 찻일에 방해되는 장신구는 피하고, 요란한 손톱치장은 하지 않도록 합니다.

• 찻자리와 주변을 돌아봅니다

사전에 차실 청소는 물론이거니와 손님이 들어오는 동선에 따라 잘 정돈하고 깨끗하게 청소합니다. 날씨에 따라 외투 걸 곳, 소지품 놓아둘 곳 등을 준비하고 화장실도 처음 오더라도 알 수 있게 표시합니다.

사람들이 도착합니다

• 첫 손님이 왔습니다

예정시간보다 일찍 손님이 도착하시더라도 당황하지 않게 찻자리 준비는 미리미리 끝내 놓아야 합니다. 손님이 도착하면 주인은 신발을 정리하고 겉옷과 소지품을 둘 장소, 손 씻을 곳들을 안내합니다. 오시는 길에 불편함이 없으셨는지, 날씨 상황 등을 소재로 자연스럽게 대화를 하고, 도착한 손님들이 서로 인사를 나눌 수 있도록 소개합니다.

도착하신 분들이 서로 인사를 나눈 다음 정해진 시간이 되면 함께 차실로 들어갑니다.

• 손님을 소개할 때 순서는 어떻게

손님을 소개할 때는 순서가 있습니다. 가벼운 찻자리는 늘 만나는 가까운 사람들일 경우가 많습니다. 하지만 정식으로 초대한 찻자리라면 처음 만나는 사람이 있을 수 있습니다. 먼저 주인이 손님들을 소개합니다. 이때 소개하는 순서는 직위에 관계없이 나이를 기준으로 합니다.

• 예기치 못한 손님이 왔습니다

가벼운 찻자리를 준비할 때는 1~2명 자리를 더 준비하는 것이 좋습니다. 갑자기 방문하는 분들이 있다거나 손님 중 일행이 있을 수도 있습니다. 자연스럽게 찻자리에 함께할 수 있도록 여유 있게 준비해 놓는 것도 필요할 것 같습니다.

하지만 정식 찻자리일 경우에는 있어서는 안 될 일입니다. 손님도 사전에 알리지 않은 일행을 동반해서는 안 되고, 주인도 정중하게 거절해야 합니다.

차실 안에서

현대 차 모임의 자리 배치와 순서는 장유유서長幼有序를 따릅니다. 신분이나 계급으로 사람의 가치를 가늠했던 옛날과 달리 오늘날에는 평등정신이 바탕이니까요. 연장자를 배려하는 것은 어느 사회 어떤 공동체에서도 통하는 보편적 가치이기에 찻자리의 모든 짜임과 진행은 장유유서를 기본으로 하면 되겠습니다.

차를 마시는 공간도 달라졌습니다. 전통 건축의 경우 방향과 배치가 대부분 같았으나 오늘날은 매우 다양합니다. 주방이 보이는 곳을 피하고, 좋은 풍경이 보이거나 편안하고 중심이 되는 곳을 주빈主賓 좌석으로 정하는 것이 좋습니다.

• 차회가 시작되었습니다

손님들이 모두 도착하고 차실에 앉았습니다. 즐거운 대화를 나누며 편안하게 차를 마실 수 있도록 분위기를 만들어가는 것도 손님에 대한 배려입니다.

분위기가 부드러워지면 주인은 본격적으로 차를 내기 시작합니다. 나오는 차에 대한 간단한 안내를 하고, 첫 번째 차를 우리는 동안에는 집중하여 손님과 말을 주고받지 않습니다.

손님이 드시기 전 한 모금 마셔서 차를 점검한 다음 잔을 내려놓고 가볍게 목례하여 드시도록 권합니다.

첫 번째 잔 이후에는 계속 잔에 나누어 주는 방식을 택할 수도 있고 다병을 사용하여 손님들이 자유롭게 마실 수 있도록 합니다. 차가 연해지거나 분위기와 맞지 않다면 바꾸어 내도 무방합니다. 손님을 살펴서 찻잔이 비어 있지 않도록 속도를 조절하여 대접합니다.

• 행다례를 보여 드립니다

정식 찻자리에는 여러 중요한 포인트들이 많지만 그 중에서도 다례는 가장 중요한 부분입니다. 찻자리는 차를 중심으로 이루어지며 차와 모임의 가치를 드러내도록 하는 것은 사람이므로 중점적으로 신경 써야 합니다.

참석하는 인원이 5명 이하일 경우 주인이 명주를 겸해 진행할 수 있겠으나 그 이상이라면 차를 내는 사람인 명주를 따로 하는 것이 좋습니다. 만일 참석자가 10여 명이 넘는 모임이라면 진행을 돕는 시자도 함께 하는 것이 그날 차회를 편안하게 합니다.

🌿 헤어질 시간입니다

벌써 즐겁고 유쾌한 찻자리가 끝나고 헤어질 시간입니다. 아쉬움을 뒤로 한 채로 이별을 합니다. 다음을 기약하는 인사를 하며 손님을 배웅합니다.

• 찻자리가 끝나갑니다

정성을 다해 찻자리를 준비하고 손님을 반갑게 맞아 대접했습니다. 손님들도 각자가 편안하게 차를 마시고 다과를 먹으면서 즐거운 시간을 보내시도록 살폈습니다. 아쉽지만 시간이 다 되어 끝내도록 하겠다고 알리고, 손님들이 준비된 찻자리가 끝났다는 것을 알 수 있도록 마무리합니다.

오늘 차 어떠셨느냐 묻고 다기 일부를 거두어들입니다. 일본의 경우 손님이 있는 상태에서 마지막 설거지하는 것까지 보여주게 되어 있습니다만, 우리 예에서는 손님이 다 가고 뒷마무리를 하는 것이 자연스럽습니다. 다만 일부 너저분하게 보이는 것은 상보로 덮어 놓은 후 손님을 배웅하고 돌아와 마무리합니다.

• 배웅은 어디까지 하는 것이 좋을까요?

찻자리가 끝나고 인사를 마쳤습니다. 손님께 겉옷과 소지품을 찾아서 드리고 배웅합니다. 아파트의 경우 건물 입구 현관이나 주차장에서 손님이 탄 차가 떠날 때까지 지켜보는 것이 좋습니다.

몇 시간 후나 다음날 잘 도착했는지 안부를 묻는 것도 좋습니다. 현대생활에서는 상대의 상황을 모르므로 굳이 통화가 아니더라도 문자서비스나 메신저를 사용하는 것도 예에 어긋나는 것은 아닙니다.

4. 알아두면 좋아요

• 찻자리에서의 우리 옷

한복은 찻자리에 잘 어울리는 옷입니다. 정갈하고 단아한 한복을 입고 차를 우리고 마시는 모습은 바라보는 것만으로도 좋지요. 자주 입어야 몸에 익숙해져 잘 입게 되고, 잘 입으면 단정함과 품격이 어느 곳에서나 어울리는 옷이라 하겠습니다. 전통한복도 좋지만 현대 한복도 찻자리에서는 유용하게 입을 수 있습니다.

찻자리에서 한복을 입으려면 몇 가지 주의 할 것들이 있습니다. 머리와 장식은 단순하고 간결하게 하며 고름은 풀어지지 않도록 고정하는 것이 좋습니다.

• 외국에서 차를 마실 때

일본 　무늬가 있는 찻잔을 받으면 다른 사람을 배려하여 그 부분이 상대에게 보이도록 돌려 잡습니다.

중국 　감사의 뜻을 전하려면 두 손가락으로 테이블을 가볍게 두드립니다.

인도 　차를 제안받으면 바로 승낙하는 것보다 정중히 한두 차례 사양하고, 주인이 다시 제안하면 수락하는 것이 좋습니다.

터키 　환영의 의미로 나오는 차는 거절하지 않는 것이 중요합니다.

독일 　이스트프리지아 차의 거품은 젓지 않고 그대로 마시는 것이 좋습니다.

• 외국에서 차를 마실 때 하지 않아야 하는 행동

찻잔을 티스푼으로 두드려 소리를 내지 않습니다. 저속한 행동으로 생각합니다.

찻잔을 잡을 때 새끼손가락이 밖으로 펴지지 않도록 합니다. 고의로 주의를 끌고 싶은 것처럼 보일 수 있습니다.

티스푼으로 차를 떠서 마시지 않습니다. 경박하다고 생각한답니다.

차와 사람과 삶

차생활은 '멋'을 배우게 한다.
멋이란 자연스러움을 체득할 때 얻어지는 현상을 말한다.
자연현상에 해와 달이 있는 것처럼
높은 것이 있으면 낮은 것이 있고,
생성이 있으면 소멸이 있는 것처럼
자연의 이치를 생활 속에 체득하여 실천할 때
비로소 자연스럽다는 말을 듣는
멋진 인격이 형성된다.

1. 차茶란 무엇인가

차는 현대에서 사용되는 의미로는 물과 술, 약 이외에 즐겨 마시는 음료를 총체적으로 카리키는 것이지만, 보다 정확하고 순수한 의미로는 '차나무Camellia Sinensis 잎으로 만든 기호음료嗜好飲料'를 말한다.

차는 매우 오래된 역사를 지닌 문화다. 자그마치 5000년 세월을 전승해 왔지만 그 가치가 쇠락하지 않고 오늘날에 이르고 있다는 사실은 매우 놀라운 일이다. 처음에는 잎에 해독작용이 있다는 것을 알게 되어 약으로 사용되기 시작하다가 점차 활용범위가 넓어지며 마시는 음료로 바뀌며 사용되었다. 원산지는 대개 중국으로 본다. 그도 그럴 것이 운남성 서쌍반납 맹해현에는 수령이 1700년 된 야생형 고차수가 있고, 진원현 천가채에는 수령이 2700년이나 된 차나무가 있다. 중국은 엄청난 영토와 인구에 힘입어 전 세계 차 생산량의 대부분이 생산되는데, 차농가 인구도 1억 명이나 된다.

우리나라는 기록으로 보면 삼국시대부터 중국에서 전파된 차를 마셨다. 주로 왕실이나 외국 사신, 조상의 제사, 종교의식 등에 사용되었고 특히 불교와 밀접한 관계를 갖고 발달되었다.

일본은 우리보다 1세기 정도 늦은 8세기경 당나라로 갔던 사신들이나 불교승려에 의해 전해졌으며, 점차 귀족과 일반서민에게 널리 보급되었다. 일본 역시 불교와 밀접한 관계를 가지고 차문화가 형성되었기에 선禪사상을 바탕으로 한 일본 특유의 형식 다도 문화가 자리 잡았다.

유럽은 가장 먼저 동양 무역을 시작한 네덜란드 동인도회사를 통해 차가 전해졌다. 1662년 영국 찰스 2세와 혼인한 포르투갈 공주 캐서린 브라간자Catherine of Braganza가 설탕과 차를 결혼지참물로 가져가 즐겼던 차풍습은 귀족을 시작으로 하여 점점 확산되어 갔다. 특히 영국은 기후나 국민 기질이 차와 잘 맞아 홍차문화가 발전하게 되는데, 18세기에 유럽을 강타한 시누아즈리Chinoiserie라 불린 중국풍에 대한 열렬한 문화 판타지를 타고 유럽 전역으로 퍼져 갔다.

차는 이렇게 전 세계에 걸쳐 다양하게 자리 잡으면서 중요하고 필요불가결한 소비재가 되어 역사를 뒤흔들게 된다. 찻그릇의 확보가 감춰진 중요목표이기도 했던 일본의 조선 침략임진왜란, 1592~1598, 천문학적 외상찻값 때문에 영국과 청나라 사이에 두 번에 걸쳐 벌였던 아편전쟁1840~1860, 무리한 차세금으로 인해 촉발된 미국독립전쟁1775 등이 그러했다. 또 유럽 무역회사들은 아시아 식민지에서 만들어진 차를 유럽으로 가져오고 이를 신대륙으로 가져다 파는 해상루트를 개발하면서 초고속 범선시대를 열어 속도경쟁을 벌였다. 이를 티레이스Tea Race라 불렀는데, 가장 먼저 도착하는 배가 이익을 독점하는 구조였기 때문이다. 이 티레이스는 세계를 보다 가깝게 엮는 결과를 낳았다.

이렇게 차는 현대에 이르러 세계를 아우르는 문화코드로 자리 잡으며 우리 곁에서 삶을 아름답게 해주는 수호자가 되어주고 있다.

🌿 차는 생명수

차에서는 무엇보다도 물이 중요하다. 차와 물의 관계는 정신과 몸의 관계처럼 떼려야 뗄 수 없다. 즉 차는 물의 정신이고 물은 차의 몸이라 할 수 있다. 차인들은 물의 품질을 품천品泉이라고 말한다. 물은 인간에게 없어서는 안 될 중요한 생명의 요소이다. 인간과 물의 밀접한 관계를 보면 그 소중함을 알 수 있다. 인간이 태어나기 위해서는 아빠의 정자와 엄마의 난자가 만나 어머니의 자궁에서 열 달 동안 양수 속에서 자란다. 또한 우리 인생은 날 때부터 모유라는 액체를 먹으며 시작한다. 이것은 인간의 생존·생활·습성에서 오는 중대한 소재, 그 근본이 물이라는 것을 의미한다. 물을 마시는 것은 습성화된 인간의 본능적인 욕구이며, 차생활은 인간과 물의 상관관계가 극치에 이른 것이라고 볼 수 있다.

차생활에서 물은 수질과 위치에 따라 여러 단계로 구분할 수 있다. 이러한 단계에 따라 물맛은 서로 매우 다르다. 옛날부터 차인들은 샘물을 길어 물독에 붓고 그 위에 삼베를 덮어 약 10시간 가까이 공기를 쐰 물을 상품上品으로 여긴다. 이렇게 하면 물의 생기가 손상되지 않으면서 침전물이 잘 가라앉게 된다. 차를 즐기는 사람들은 이처럼 물을 정성 들여 간수한다. 다시 말해서 차를 마시든 그냥 생수를 마시든 이같이 정수된 물이 가장 우리 위생에 좋은 것이다. 요즘은 정수기가 개발되어 있지만 중요한 것은 물의 성분이 살아 있어야 하는 것이다.

차솥에서 물 끓는 소리를 듣고 있으면 매우 편안하면서도 맑고, 우리 마음속에 갖가지 음악적인 요소를 품는 것과 같다. 그래서 물 끓는 소리를 귀담아 들으며 흐트러지는 마음을 다스리기도 한다. 차를 마신다는 것은 곧 몸과 마음의 생명수를 마시는 것이다.

초의 스님, 차는 알가閼伽다

근대 조선의 이름난 스님이며 차의 성인茶聖■1이라 불리는 초의 선사 1786~1866는 차를 '알가'라고 하였다. 알가Argha라는 말은 범어로 시원, 원초라는 뜻으로, 어느 욕심에도 사로잡힘이 없는 순연한 본래의 마음을 뜻한다. ■2 즉 차는 바로 인간 생명의 원초요 삶의 시원이라는 것이다.

초의 스님은 또한 "옛날부터 현인과 성인이 모두 다 차를 아꼈다. 차는 군자와 같아서 거짓됨이 없다."■3고 하였다. 이것은 차의 성품이 가지는 본성을 말하는 것으로, 차 한 잔을 마시는 의미가 삶의 시원을 찾아가는 길이고 인간의 본성을 회복하려는 길임을 의미한다. 한 잔의 차를 음미하는 것은 옛 선인들과 대화를 나누듯이 지나온 삶을 돌아보는 지혜를 준다.

차나무는 하늘과 땅, 구름과 안개, 비의 정수를 뽑아 올리는 기운을 가진다. 또한 차나무는 햇살, 바람, 달과 별의 기운을 받아서 자란다. 그리고 차를 우릴 때는 물의 정기를 흡수하며 차의 정신을 피어올린다. 바로 자연과 에너지를 함께하는 작업인 것이다.

■1 최범술, 《한국의 차도》, 보련각, 1975, p.57, p.75, p.77, p.119, p.238 참조.
■2 초의, 〈奉和山泉道人謝茶之作〉, "閼伽眞體窮妙源, 妙源無着波羅蜜."
■3 초의, 〈奉和山泉道人謝茶之作〉, "古來賢聖俱愛茶 茶如君子性無邪."

차의 다양한 이름

오래된 역사만큼 차에는 다양한 이름이 있다. 육우가 쓴 《다경茶經》에는 차茶의 다른 이름으로 가檟, 설蔎, 명茗, 천荈이 나온다. 이 책의 1장〈차의 근원〉은 "차라는 것은 남방의 상서로운 나무이다."[1]라고 하여 첫 글자가 차로 시작한다. 육우 이전에는 '차茶' 자가 통용되지 않았고 '도荼' 자로 표기되었는데, 한 획을 줄여 간소화한 차茶는 육우가 만든 글자로 《다경》에 사용됨으로써 정착되어 당나라 중기 이후에 사용되었다.

• 가檟, 설蔎, 천荈, 명茗, 차茶

가檟는 차의 별칭으로 진한시대의 자서字書인 《이아》의 석목편에 "가는 고도이다檟, 苦茶."라고 하였다. 즉 가檟는 맛이 쓴苦 차를 뜻한다. 설蔎 역시 차의 별칭인데, 전한 말기의 사상가이며 문학가인 양웅 BC 53~AD 18이 지은 언어학 서적 《방언方言》에 "서쪽 촉나라 남인은 차를 설이라 한다."[2]라는 내용이 나온다. 천荈은 차나 명과 함께 언급된다. 동진의 곽박郭璞, 276~324이 《이아》를 풀이한 《이아주》에서 "일찍 딴 것은 차이고, 늦게 딴 것은 명 또는 천이다."[3]라고 한다. 또 북송 977~984의 《태평어람》에서는 《위왕화목지》에서 그 늙은 잎을 천이라 하고 어린 잎을 명이라 한다."[4]는 내용이 나온다.

명茗은 차싹을 지칭하는 별칭이다. 《설문해자》에서는 "명은 차싹이다茗, 茶芽也."라고 하였다. 곽박은 명을 늦게 딴 잎이라 하였으나, 《위왕화목지》에서는 어린 잎을 명이라고 하였다. 또한 차, 명, 천의 관계를 왕정王禎, 1271~1368의 《농서農書》에서 "일찍 딴 것을 차, 늦게 딴 것을 명, 천에 이르면 늙은 잎이다."[5]라고 하여 명을 차와 천 사이에 두고 있기도 한다. '명'은 '도', '가', '천'보다 늦게 출현했으나 통상적으로 차를 통칭하는 것으로 사용되고 있다. '명'이 '차' 자와 더불어 많이 쓰이는 것은 한대 이후 많은 문인들의 문헌이나 시문 속에 등장하기 때문이다.[6]

• 우리나라만의 고유한 차 이름, 한荈과 파蔢[7]

조선 전기 유학자인 한재寒齋 이목李穆, 1471~1498[8]은 《다부茶賦》에서 차의 별칭으로 명茗, 천荈, 한荈, 파蔢의 네 종류를 들고 있다. 이 중 한재가 '한'과 '파'를 차의 다른 이름으로 고유하게 명명하고 있는 것이 특이하다. 이 중 '명'과 '천'은 육우의 《다경》에서 거론되는 차의 별칭이다. 그러나 '한'과 '파'는 차 문헌의 어디에서도 찾아볼 수 없고, 한재가 고유하게 사용한 것이다. 한재가 차를 '한'과 '파'로 명명한 이유가 무엇인지도 명백하지 않다.

한재는 면밀한 고증을 거쳐서 사실을 확정하는 성품이다. 그런 그가

■1 陸羽, 《茶經》, 〈一之原〉, "茶者 南方之嘉木也."
■2 揚雄, 《方言》, "楊執戟云, 西蜀南人謂茶曰蔢."
■3 郭璞, 《爾雅注》, "早取爲茶, 晚取爲茗, 一曰荈."
■4 《太平御覽》, "魏王花木志, 其老葉謂之荈, 細葉謂之茗."
■5 王禎, 《農書》, "早採曰茶, 晚曰茗, 至荈則老葉矣."
■6 박남식, 《기뻐서 차를 노래하노라》, 2018, 도서출판 문사철, pp. 37~38. 참조.
■7 박남식, 《기뻐서 차를 노래하노라》, 2018, 도서출판 문사철, pp. 39~43. 참조.
■8 조선 전기의 곧은 선비로 연산군 1년 무오사화 때 28살의 젊은 나이로 참화를 입으면서도 기개를 굽히지 않아 당시의 유학자들의 표상이 된 인물이다. 우리나라의 최초 전문 차서인 《차부茶賦》를 남겼다.

'한'과 '파'로 차의 별칭을 창의적으로 명명한다는 것은 그가 차에 대해서 얼마나 해박한가를 말해 준다. 더구나 고유하게 이름을 붙여 사용한 '한'과 '파'의 경우는 한재 자신의 독창적인 견해를 밝힐 정도로 차이론가로서의 면모를 드러내고 있어, 후손인 우리들이 자랑으로 여겨야 할 대목이다. 이것은 우리나라 차로서 새로운 매김을 하려는 의도이고 선비의 차정신을 담아내려는 의미가 컸을 것으로 보인다. '한'과 '파'의 차 이름 명기에 대해서는 우리나라 차문화의 자리 매김을 위해서라도 지속적인 연구가 필요하다.

2. 하늘이 준 아름다운 나무, 차

🌿 자연이 인간에게 주는 최고의 선물

육우는 《다경》 첫머리에 '차나무는 남쪽지방에서 자라는 상서로운 나무'라고 하였고, 초의선사는 《동다송東茶頌》 첫머리를 '천지신명께서 주신 아름다운 나무'라고 시작한다. 동양에서는 옛날부터 차를 다른 식물과는 달리 형이상학적인 정신을 담은 식물로 여겨서 영초靈草, 서초瑞草, 영아靈芽, 가목嘉木, 영목靈木, 신초神草 등 아름다운 이름을 붙여 왔다. 그만큼 차가 몸과 마음에 미치는 작용들이 수양과 치유의 덕목을 가졌다고 본 것이다. 실제로 차가 현대인들에게 흔한 병의 요인을 제거하는 건강음료로 작용함이 증명되고 있다. 또 차생활의 미학적인 여러 모습은 종합적인 아름다움을 우리에게 제공한다.

2002년 〈타임〉지가 선정한 세계 10대 슈퍼푸드[1]에 녹차가 들어 있다. 슈퍼푸드는 각종 영양소가 풍부하고 콜레스테롤이 낮으며, 인체에 쌓인 독을 제거하며, 면역력을 증가시키고 노화를 방지하는 식품을 지칭한다. 녹차 속에 함유된 카테킨과 탄닌 성분은 유해 활성산소를 제거하는 항산화 효과가 뛰어나고, 아미노산의 일종인 테아닌은 몸과 마음을 이완시키고 혈압을 낮추며 학습능력과 집중력을 강화시킨다. 2022년 캘리포니아대학교 연구팀은 녹차가 치매치료에 효과적이라는

■1 슈퍼푸드는 미국의 인체노화 분야의 세계적인 권위자이자 영양학 박사인 스티븐 플랫 박사가 2004년에 쓴 《난 슈퍼푸드를 먹는다》라는 책의 제목에서 유래한다.

연구결과를 발표했다. [1]

차는 혼자 마시기보다는 좋은 벗들과 함께 아름다운 차담을 나누면서 마시는 것이 운치가 있다. 현대인의 갈급한 생활 속에서 좋은 벗들과 소통하며 여유로움을 즐길 수 있으니 얼마나 훌륭한 선물인가? 정말 자연이, 신이 인간에게 내린 최상의 선물일 것이다.

차를 오래 마시면 힘이 생긴다, 염제 신농

당나라 육우의 《다경》에 "차를 음료로 삼은 것은 신농씨로부터 시작되었다." [2]라고 하였으며, 신농씨의 《식경》에 "차를 오래 마시면 사람이 힘이 생기고 마음을 즐겁게 한다." [3]라고 나와 있다. 신농씨는 농사 짓는 법을 가르쳤고 100여 가지의 약초를 개발한 사람으로 유명하다. 《신농본초경》에 "신농이 100여 가지 약초를 맛보았는데, 하루는 70여 차례 중독이 되었으나 차를 마시고 해독되었다." [4]라고 기록되어 있다.

---

[1] 〈네이처 커뮤니케이션스〉 2022. 9. 16. 발표. 녹차의 카테킨 성분이 알츠하이머의 원인으로 지목되는 타우단백질의 엉킴을 분해하여 카테킨이 치매치료제 성분의 강력한 후보라고 언급했다.

[2] 陸羽, 《茶經》 〈六之飲〉, "茶之爲飲, 發乎神農氏"

[3] 陸羽, 《茶經》 〈六之飲〉, "神農食經, 茶茗久服 令人有力悅志."

[4] 《신농본초경》, "神農嘗百草之滋味, 水泉之甘苦, 令民知所避就, 當此之時, 日遇七十毒, 得茶而解." 《신농본초경》은 최초의 한의학 저서로 신농이 저술한 것이 아니고 후대인이 신농의 이름을 기탁한 것이다.

3. 멋진 차생활

차생활은 '멋'을 배우게 한다. 멋이란 자연스러움을 체득할 때 얻어지는 현상을 말한다. 자연스러움은 자연의 이치를 생활 속에 체득하여 실천하는 것이다. 이때 비로소 자연스럽다는 말을 듣게 되고 바람직한 인격이 형성된다. 아무리 중요하고 좋은 것이라 할지라도 너무 넘치거나 모자라면 조화를 이룰 수 없다. 차생활에 함께하는 차나 차도구 역시 분수와 격에 맞아야 그 기능의 최대치를 다할 수 있다.

차는 기본적으로 목마름을 해결하는 음료에 속하지만, 기호생활이나 내면의 멋을 생각하면 차실의 환경을 생각해야 한다. 우선 차실의 청결이 가장 중요하다. 그 위에 차의 맛과 멋을 더하기 위해 다른 취미의 수준을 결합하게 된다. 좋은 차벗이 있다면 더없이 행복하다. 그러나 혼자 마시는 차 역시 고요한 환희를 느끼게 한다. 차는 내면에 있는 또 하나의 자기를 발견하게 하기 때문이다.

❧ 차는 건강의 멋

차생활은 일상생활을 건강하고 온전하게 한다. 건강함은 생활의 조화 調和를 터득하고 있는 상태에서 만들어지는데, 차를 우리는 과정에서의 긴장과 이완은 안정된 정신 상태를 유지하여 심리적 스트레스를 막는다.

또한 차 우림의 과정은 정돈능력을 향상시켜 생활의 질서를 배우게 한다. 정돈된 생활은 실수나 실패를 막아 인간관계의 신뢰를 유지하게 한다. 신뢰는 그대로 개인의 발전과 생산성으로 연결된다.

🌿 차는 문화의 멋

차는 감각적 즐거움을 줌과 동시에 정신적으로도 높은 미의식을 갖게 한다. 차생활이 삶을 풍요롭게 하고 차를 매개로 한 새로운 문화가 형성되는 이유다. 문화란 끊임없이 향상하려는 인간의 정신적, 물질적 활동과 그에 따른 성과이기 때문이다.

인류문명의 근원인 물과 불을 어우러지는 가운데 인간의 생산물인 차를 넣고 색과 향과 맛을 찾아내는 차 우림의 과정은 미학의 종합적인 결정체이다. 수많은 차의 종류마다에는 생산되는 곳의 역사와 전통이 스며있고 산과 들의 기운이 따라온다. 차를 담는 차 그릇에도 도자기를 형성하는 흙과 바람이 어려있고 가마의 불을 지키는 사기장의 예술혼이 보듬겨 있어 귀를 기울이게 된다.

이러한 차를 마시노라면 그 행위에 최소한의 규범이 생겨 차의 행법이 형성되고, 어느덧 자연스러워지면 일상은 여유와 아름다움을 갖게된다. 차의 행법이 몸에 익고 자연스러워지면 일정한 흐름이 생기고 그 흐름에서 여유와 아름다움이 갖추어지기 때문이다.

✿ 차는 풍류의 멋

옛 문헌에는 화랑들이 차를 마신 흔적이 여럿 남아 있어 화랑정신과도 차가 밀접한 관계를 맺고 있음을 짐작할 수 있다. 이들이 즐겼던 차는 유교 · 불교 · 도교가 서로 회통하는 신라 고유의 풍류정신에 기인하는 특징이 있다. 《삼국사기》에 수록된 최치원의 〈난랑비서鸞郎碑序〉에 보면 유 · 불 · 도 삼교가 상호 대립하지 않고 회통한 것을 두고 현묘한 도라고 하며 그것이 바로 풍류라 하였다. 신라의 화랑들은 도의를 연마하고 신선사상을 숭상하는 가운데 명산대천을 다니며 차를 즐기는 수행을 하였다.

이처럼 풍류의 멋을 즐기는 차의 덕목에서 예술이 빚어진다. 차와 시, 차와 음악, 차와 무용, 차와 도자기, 차와 기예, 차와 꽃, 차와 인테리어 등이 어우러져 여유로운 삶, 완성된 예술을 창출하게 된다.

4. 차의 세 가지 기이함, 색·향·미

홀로 고요하게 자신을 돌아보며 차를 마시며 차의 멋을 즐기기도 하지만, 좋은 사람들과 더불어 차를 나누기도 한다. 차는 찻자리를 준비하고 차를 우리는 과정을 거치면서 대접하는 명주茗主와 대접받는 손님 客이 서로를 이해하고 배려하는 마음으로 다가가게 한다. 차는 사람의 마음을 서로 끌어당기는 힘이 있기 때문이다.

우리는 차를 마실 때 색과 향과 맛을 느낀다. 차의 색을 볼 때는 조금 거리를 두게 되고, 향을 맡을 때는 차가 코 가까이 다가온다. 마지막 맛을 본다는 것은 차와의 거리가 없어지고, 차가 입과 목을 통해 몸 안으로 들어와 우리와 하나가 된다. 이러한 과정은 단순히 차를 마신다는 차원을 넘어서 만나는 대상에 대한 깊은 성찰을 하는 습관을 갖게 한다.

색을 보다

차의 색을 보는 것은 사물을 맑게 바라보는 것을 의미한다. 사물의 모든 형상은 색으로 분별되기 시작한다. 차는 색에 따라 백차, 녹차, 청차, 황차, 홍차, 흑차의 이름을 붙이기도 하며, 찻물의 색은 찻잔의 색에 영향을 받아 달라지기도 한다.

이러한 변화를 인식하며 색을 보는 것은 올바른 식견을 갖기 위한 부단한 노력이기에 사물의 집착에서 벗어나 평화와 행복을 누릴 수 있게 해준다.

🌿 향을 맡다

향은 색을 보는 것보다 대상에 한발 더 다가서야 맡을 수 있다. 향기는 사물의 연륜과 깊이에서 뿜어져 나오는 에너지, 바로 기氣이다. 향을 비롯한 멋은 내면에서 발산하는 것이라야 생명력을 갖는다.

실제로 차의 향기는 말로 표현하기 어렵게 신묘하다. 저마다 고유한 향기를 가지며 은은함에서 강렬함까지 천차만별이다. 이처럼 각기 다른 종류의 차향은 마시는 사람의 체취와 결합하여 또 다른 향을 낳으며 차 마시는 공간에 에너지와 기가 어우러지게 한다. 그래서 같은 공간에서 차의 향을 맡는다는 것은 사람과 사람과의 관계를 더욱 가깝게 만든다.

🌿 맛을 느끼다

맛을 느낀다는 것은 대상을 직접 경험해 본다는 의미이다. 차에는 오미五味, 혹은 육미六味가 갖추어져 있다. 쓴맛, 떫은맛, 단맛, 신맛, 짠맛에 매운맛이 더해져 육미가 된다. 차의 매운 맛과 신맛은 차를 오래 마셔야 감지할 수 있다. 차의 맛과 우리 삶의 맛에 비유되는 이유이다. 사람의 깊이를 아는 것은 만남의 연륜이 필요하고 그 대상에 대한 관심과 사랑이 전제되어야 하기 때문이다. 그리고 보다 앞서 자신에 대한 올바른 이해와 사랑이 갖추어져야 하는데, 이는 자기에 대한 깊은 성찰과 명상을 통해 가능하다. 이것이 특별한 방도나 장애가 없이 누구나 이를 수 있는 차도이다.

이렇듯이 차의 맛과 인생살이의 맛을 비유하는 것은 그만큼 차와 사람이 같은 특성을 지녔기 때문이다.

5. 차와 함께하는 삶과 공동체

차는 평등의식을 일깨운다

차를 중심으로 함께 자리한 사람들은 모두 같은 시간에, 같은 색깔의 차, 같은 향기의 차, 같은 맛의 차를 나눈다. 또 적당하게 우려질 때까지 기다려야 하는 차는 대화를 이끌어내는 찻상 공동체를 만들어낸다. 그래서 찻자리에서는 가족, 계층, 세대의 차이, 남여 성별의 차이 없이 차를 맛보고 어울려 대화를 나누는 일미평등이 구현된다. 현실에서 구체화된 평등을 체감하는 것이다.

차별받지 않는 인격체는 당당한 주체적 의식을 가지며, 이는 민주사회를 이끄는 주권의식을 형성한다. 그런 의미에서 자라나는 유아, 어린이, 청소년들이 차생활을 익히는 것은 매우 중요하다. 앞으로 다가올 미래사회는 그들이 만들어 가기 때문이다.

차는 가족의 대화를 이끈다

현대의 가족은 과거에 비해 구성원 개개인의 개성을 존중한다. 이는 자칫 가족 사이에서도 자기 중심으로 치우치는 경향을 만들어 외로움과 우울감을 느끼는 요인이 되기도 한다.

차는 가족이 찻상을 중심으로 모여들게 하는 마력이 있다. 기다림의 미학으로 표현되는 찻자리는 단절된 가족 구성간의 대화를 이끌어내는 역할을 한다. 한 공간에서 한 다관으로 차를 우려 나누어 마시는 차는 가족이 같은 경험을 함으로써 누구보다 가까운 사이임을 피부로 느껴지게 하며 마음속 진솔한 말을 이끌어 준다. 차가 있는 찻자리는 정겨운 대화가 샘솟는 보물의 자리이다.

차는 자존감을 높인다

차는 우리는 과정에서 자신을 돌아보게 한다. 혼자라 해도 다르지 않다. 따뜻한 온기가 도는 찻잔을 받침에 올려 제대로 갖추어 마시면 스스로가 대접받는 느낌이 들어 기분이 좋아진다. 서로를 알아주는 상대를 만나 서로 존중하고 대접하는 것과 마찬가지로, 스스로를 온전히 알아주고 대접하는 것은 매우 중요하다.

사랑을 받고 자란 사람이 다른 사람을 사랑할 줄 알듯이 대접을 받아본 사람이 다른 사람을 대접할 줄 알게 된다. 차를 한 잔 마심에도 정식으로 자리를 정해 앉고, 시간과 정성을 들여서 우린 차를 대접하거나 대접을 받는 과정 속에서 우리는 자신의 존재가 소중함을 확인하게된다.

그것은 사랑의 시작이다.

부록

교육용 다례 취지와
문헌근거

다례 취지

생활 속에 필요한 찻자리 예의범절을 익힐 수 있도록 하기 위해 '성대 다법'을 연구하였다. 우리의 전통과 풍습이 바탕이 되도록 하였으며, 차를 배우기 쉽도록 합리성을 우선적으로 고려하여 구성하였다. 다례를 배우고 익히면서 정신적, 육체적으로 아래와 같은 내용들이 체득되도록 하였다.

- 철학적 배경 – 선비정신
- 차의 종류 – 현재 우리나라에서 가장 많이 선택되는 덖음 녹차와 말차
- 다구 배치 – 전통적 식생활 배치를 기본으로 함
- 다구 선택 – 현대생활에 맞도록, 교육자와 피교육자의 편의를 고려
- 예절 정도 – 청소년이 부모님(어른)께 갖추는 정도
- 성별 복식 – 남·녀 공용이며 어떤 복식도 가능
- 인적 구성 – 현대에 맞도록 도우미 없이 진행
- 공간 구성 – 차를 우리는 자리와 손님 자리를 나누어 배치
- 기거 동작 – 현대의 좌식생활을 기본으로 구성

문헌근거

	내용	문헌 근거	
기 거 동 작	신발 방향 – 앞코가 실내 쪽으로	《예기禮記》17 소의少儀	고증
	걸음걸이 – 보폭은 발 하나 정도, 　손은 내려서	《예기禮記》13 옥조玉藻	〃
	좌우방향전환 – 진행방향의 발을 직각으로	〃	〃
	입용(선자세)	《예기禮記》12 내칙內則	〃
	공수 – 남좌 여우	〃	〃
여 자 절	찻상 앞은 피해서	제례와 연관된 관습적 터부	합의
	무릎차이는 주먹 넘지 않게	양장착용 시 꼭 필요	〃
	손 – 무릎 선까지 손끝 방향 – 양 45° 방향	미감美感	다수결
	마무리절 – 서서	편의	〃
남 자 절	손높이–가슴	이덕무 《사소절士小節》	고증
	손과 왼무릎 동시에 닿게		
	앉은 뒷발 – 포개지 않음		
다구 구성	다반, 곁반	교육적 필요, 진행상의 편의	합의
	탕관받침, 교체용 행주 – 사용	〃	〃
다 구 배 치	다반과 곁반 – 세로 배열	반의 사용법 습득을 위해	〃
	잔 배열 – 세로	장유유서長幼有序	〃
	잔탁 위치, 차호뚜껑 위치	합리성	다수결
	벗긴 찻상보 놓는 위치	〃	합의

	내용	문헌 근거	
행 다	좌식 찻상보 접는 법, 행주 접는 법 – 16분할	피교육자 편의	고유
	다완보 접는 법 – 4분할	미감美感과 편의	다수결
	숙우(물식힘사발) 드는 법	〃	합의
	다관 드는 법, 예온수는 돌리지 않음	〃	〃
	차시들기 – 곧바로 잡음	관습과 미감	〃
	예온수 비우기 – 맨 아래 잔부터 돌리지 않음	농도조정	다수결
	차따르기 – 다관을 왼손에 놓았다가 살짝 돌린 다음 잠깐 기다려 따름, 맨 아래부터 시작 왕복으로 끝냄	맨 윗 잔에 찌꺼기 없이	
진 다	맨 윗 잔부터 옮김	장유유서長幼有序	합의
	일어났다가 반쯤 꿇어 앉은 상태로 다반 방향 바꿈	미감과 합리	〃
	다반 방향 바꾸는 방법	〃	〃
	주빈과 빈의 위치	문헌에 통일되어 있지 않음	다수결
	다반의 위치 – 몸의 측면	미감과 합리	합의
	손님 것만 올리고 명주가 권하면 주빈이 명주에게 되어 권함	전통적 예의 기본	〃

참고문헌

성균예절차문화연구소,《공감생활예절》, 시간여행, 2015.

가예원嘉藝苑, 설옥자,《가예원다례》, 미디어숲, 2007.

구영본 외,《글로벌 시대의 차문화와 에티켓》, 형설, 2006.

국사편찬위원회,《자연과 정성의 산물, 우리 음식》, 동화출판, 2006

김명배《茶道學 論攷》대광문화사. 1996.

金明培,《中國의 茶道》, 明文堂, 1985.

金明培,《韓國의 茶書》, 探求堂, 1984.

김세리, 조미라,《차의 시간을 걷다》, 열린세상, 2020.

김용재,《차茶를, 시작합니다》, 오픈하우스, 2022.

김정희, 조미라, 김신연,《현대 중국 생활 茶》, 민속원, 2008.

김태연, 대익다도원,《보이차 마스터》, 조율, 2015.

루이스치들, 닉 킬비, 정승호 감수,《세계 티의 이해-Introduction to Tea of World》, 한국티소
    믈리에연구원, 2017.

류건집 주해,《茶經註解》, 이른아침, 2010.

류건집 주해,《宋代茶書의 註解》上, 이른아침, 2009.

류건집,《차 한 잔의 인문학》, 이른아침, 2015.

리사 리처드슨, 공민희 역,《티 소믈리에가 알려주는 차 상식사전》, 길벗, 2016.

문기영,《홍차수업》, 글항아리, 2014.

박남식《기뻐서 차를 노래 하노라》도서출판 문사철, 2018.

사단법인 예지원,《품격있는 생활문화》, 미래산책, 2013. (비매품)

송재소 외《한국의 차문화 천년》돌베개. 2012.

수자원공사, https://www.kwater.or.kr

施兆鵬 主編, 黃建安 副主編,《茶叶》, 中國農業出版社, 2016.

심재원,《한국 차문화 비평》, 경상국립대학교, 2022.

심현섭,《유가미학》, 한국학술정보, 2011.

오미정,《차생활의 이해와 실천》, 미누, 2013.

오윤성,《인성아! 함께 놀자》, 도서출판 공미디어, 2022.

宛晓春 主編, 龔淑英, 龔正礼 副主編,《中國茶譜》, 中國林業出版社, 2006.

원매袁枚, 신계숙 역,《수원식단》, 교문사, 2015.

유홍준,《안목》, 눌와, 2017.

이은권,《차 마시는 인류》, 도서출판지식공감, 2021.

이진수,《한권으로 이해하는 중국 차문화》, 지영사, 2007.

이진수,《찻자리 미학》, 지영사, 2006.

일양차문화연구원,《사계절 티 테이블 세팅》, 이른아침, 2015.

장성재, 〈구화산 김지장 신라차 논쟁〉, 한국종교교육학회, 2021. 종교교육학연구 66권.

정민,《새로 쓰는 조선의 차 문화》, 김영사, 2011.

정상구,《韓國 및 中國의 名茶詩 鑑評》세종출판사, 1995.

정영선《한국茶文化》너럭바위, 1990.

정영선,《다도철학》, 너럭바위, 2010.

정영선,《찻자리와 인성고전》, 너럭바위, 2016.

조기정, 박용서, 마승진,《차의 과학과 문화》, 학연문화사, 2016.

조미라, 〈한국 향문화의 기호품적 성격 연구〉, 한국문명학회, 2010.

周文棠, 郭榮修 역,《실전茶道》, 한솜미디어, 2007.

진제형,《중국차 공부》, 이른아침, 2020.

쨩유화,《차과학 길라잡이》, 삼녕당, 2013.

천병식,《역사 속의 우리 다인》, 이른아침. 2004.

천병식,《韓國茶詩 作家論》, 국학자료원. 1996

최범술,《한국의 다도》보련각. 1973.

최석환, 〈이한영의 백운옥판차 제다비법을 밝힌다〉, 차의 세계, 2006. 12월호.

최진영, 이주향, 이연정,《구구절절 차 이야기》, 이른아침, 2019.

치우치핑, 김봉건 옮김,《다경도설》, 이른아침, 2005.

크리시 스미스, 한국티소믈리에연구원 역, 정승호 감수,《티 아틀라스》, 한국티소믈리에
연구원, 2018.

하보숙, 조미라,《홍차의 거의 모든 것》, 열린세상, 2014.

叶羽晴川, 朴鎔模 역,《工夫茶》, 한솜미디어, 2005.

환경부 https://me.go.kr